国家重点基础研究发展计划(973)项目(2010CB226800)

国家重点研发计划项目(2016YFC0801403)

国家自然科学基金项目(51504015)

中国矿业大学煤炭资源与安全开采国家重点实验室开放基金项目(SKLCRSM15KF02)

中央高校基本科研业务费项目(FRF-TP-15-054A1)

厚层坚硬煤系地层冲击地压机理及防治研究

杜学领　王　涛　著

中国矿业大学出版社

内 容 简 介

本书在广泛调研冲击地压现象的基础上,结合同煤集团忻州窑矿厚层坚硬煤系地层的地质条件,综合运用统计调研、力学实验、正交试验、数值模拟、理论分析等方法,研究了地质赋存条件与冲击地压的相关性、基于真实地层厚度比的组合煤岩体变形破坏特性、厚层坚硬地层冲击地压致灾机理、基于地质赋存条件与采动因素的冲击危险性评价方法、厚层坚硬地层条件下的冲击地压防治技术等内容,研究结果具有前瞻性、先进性和实用性。

本书可供从事采矿工程及相关专业的科研人员及工程技术人员参考使用。

图书在版编目(CIP)数据

厚层坚硬煤系地层冲击地压机理及防治研究/杜学领,
王涛著. —徐州:中国矿业大学出版社,2017.7
ISBN 978 - 7 - 5646 - 3554 - 1

Ⅰ. ①厚… Ⅱ. ①杜… ②王… Ⅲ. ①煤矿开采—冲
击地压—防治—研究 Ⅳ. ①TD82

中国版本图书馆 CIP 数据核字(2017)第 128583 号

书　　名	厚层坚硬煤系地层冲击地压机理及防治研究
著　　者	杜学领　王　涛
责任编辑	王美柱
出版发行	中国矿业大学出版社有限责任公司
	（江苏省徐州市解放南路　邮编 221008）
营销热线	(0516)83885307　83884995
出版服务	(0516)83885767　83884920
网　　址	http://www.cumtp.com　E-mail:cumtpvip@cumtp.com
印　　刷	江苏淮阴新华印刷厂
开　　本	787×1092　1/16　印张 9　字数 225 千字
版次印次	2017 年 7 月第 1 版　2017 年 7 月第 1 次印刷
定　　价	35.00 元

（图书出现印装质量问题,本社负责调换）

前　言

　　冲击地压是影响煤矿安全生产的主要灾害之一,具有多因素耦合致灾、非线性演化、瞬时突发、破坏强等特点。由于冲击地压的复杂性及灾害性,依然需要对冲击地压致灾机理展开深入研究。厚层坚硬煤系地层是孕育冲击地压的主要地质环境之一,本书在广泛调研冲击地压现象的基础上,结合同煤集团忻州窑矿厚层坚硬煤系地层的地质条件,采用统计调研、力学实验、正交试验、数值模拟、理论分析等方法,就地质赋存条件与冲击地压的相关性、基于真实地层厚度比的组合煤岩体变形破坏特性、厚层坚硬地层冲击地压致灾机理、基于地质赋存条件与采动因素的冲击危险性评价方法、厚层坚硬地层条件下的冲击地压防治技术等方面展开研究,主要研究成果如下:① 我国冲击地压矿井在平面分布上具有北多南少、东多西少的特点,且冲击地压矿井的空间分布具有一定聚集特征。冲击地压发生时间离散性较强。从冲击特征而言,冲击前一般煤炮频繁,在超前巷道高发,底板及两帮是受破坏较为严重的区域。厚层坚硬煤系地层、地质构造及高地应力环境对冲击地压的形成具有重要影响,属于主要影响因素,厚层坚硬地层为冲击地压所需的高应力和高能量环境提供物质基础,使得冲击地压频发具备物质条件;地层倾角、开采深度、瓦斯及气流、水文条件等对冲击地压的孕育产生一定影响,属于亚影响因素。② 煤的细观组成具有离散性和随机性,其破坏形态不仅取决于实验机与材料端面的摩擦力,还与材料本身的非均匀性有关;RFPA中弹性模量和均质度对输出结果有重要影响,两者数值较高时,输出强度随之增加,运算时步也会增加,而输入的单轴抗压强度对输出强度有显著影响,但其对加载步的影响并不十分显著,其余因素对输出结果的影响相对较弱;对于组合煤岩体,当煤体在组合体中比例较大时,会使得组合体的强度更趋近于煤体的单体强度,而顶板比例提高时,组合体强度有增大趋势;孔洞大小对组合体强度有显著影响,孔洞尺寸越大,组合体的强度越低,峰后应力调整越明显;施加围压后,组合体峰值强度明显提高,围压越大,裂纹扩展的空间越小,组合体在较小形变时即发生破坏。③ 厚层坚硬地层对冲击地压的影响体现在三方面,其一是促使开采空间周围的应力集中有靠近煤壁的趋势;其二是塑性带以外的煤体具有一定完整性和承载力,从而能够保证其在出现塑性带后不发生冲击失稳;第三是厚层坚硬地层条件下动载扰动的扰动力更大更强,扰动过程中传递更大的力和更多的能量,造成失稳过程突然急剧。④ 在回采前的冲击危险性评价,将厚层坚硬煤系地层和高地应力这两个因素作为主因素,煤系地层满足厚层坚硬条件且符合高应力水平时,认为开采煤层具有冲击危险性。采动影响下,应结合地质赋存条件与开采条件对煤系地层中的应力重分布进行评估,并按照应力水平和演化阶段将其划分为不同的冲击危险等级。⑤ 针对厚层坚硬地层冲击地压防治中存在多巷交汇、防灾技术可重复性差等缺点,造成冲击解危措施不能有效发挥作用,提出利用上巷防冲的技术思路,并利用"两带"高度及钻孔总长度的计算确定上巷合理位置;煤柱的稳定有赖于采动影响后形成的二次地应力环境,当高地应力环境已经形成时,充填本工作面对于保护远离该工作面的临空煤柱稳定作用有限。

　　本书的出版得到了国家重点基础研究发展计划(973)项目(2010CB226800)、国家重点研发计划项目(2016YFC0801403)、国家自然科学基金项目(51504015)、中国矿业大学煤炭资源与安全开采国家重点实验室开放基金项目(SKLCRSM15KF02)、中央高校基本科研业务费项目(FRF-TP-15-054A1)的资助,书中的内容在研究过程中得到了中国矿业大学(北京)姜耀东教授、中国矿业大学(北京)杨宝贵教授、中国煤炭科工集团康红普院士等的诸多帮助和有益指导,本书在出版过程中得到了贵州理工学院许猛堂副教授的帮助,中国矿业大学出版社王美柱编辑在本书出版过程中提出了诸多宝贵意见并付出了大量汗水,在此表示衷心的感谢。写作过程中参考并引用了国内外诸多文献,对这些文献的作者一并表示感谢!

　　由于笔者水平所限,疏漏、错误之处在所难免,恳请各位读者批评、指正。邮箱联系方式:xuelingsiqing@qq.com。

著　者

二〇一七年三月

目　录

1 引　言

1.1 选题背景及意义

冲击地压是影响煤矿安全生产的主要灾害之一,具有多因素耦合致灾、非线性演化、瞬时突发、破坏强等特点。自 1933 年辽宁抚顺龙凤矿首发冲击事故以来,我国山东、义马、大同、鸡西、北京等地的矿井都出现冲击地压报道[1]。近年来,随着我国煤矿装备技术水平的不断提升及对冲击地压机理和防治手段的深入研究,致死性冲击地压事故在我国得到了有效遏制。但不可回避的是,由于冲击地压这一问题的复杂性,冲击地压现象依然存在于煤矿生产中,现有的理论还难以完美应对多样化的冲击地压灾害,当前的预测预报精度还有待于进一步提高,目前采用的防治技术手段还有待于进一步完善。由于对冲击地压的认识不全面,冲击地压仍时有发生,且偶发的冲击地压事故也可能造成严重的人员伤亡和财产损失[2]。表 1-1 所示为 2010～2015 年我国主要伤亡性冲击地压事故简况。

表 1-1　　　　　　　　　2010～2015 年我国主要伤亡性冲击地压事故

事故矿	时间	事故破坏简况
千秋矿	2011-11-03	21221 下巷掘进面发生冲击地压事故,造成 350 m 巷道严重变形破坏,死亡 10 人
朝阳矿	2012-11-17	3下层煤 31 采区 3112 综掘面发生大煤炮,造成 6 人因气浪冲击致创伤性休克死亡、2 人轻伤、直接经济损失 1 040 万元
五龙矿	2013-01-12	3431B 运输巷掘进面局部通风风筒损坏、瓦斯积聚,8 人死亡
峻德矿	2013-03-15	三水平 17 层三四区一段一分层综采工作面上、下出口硬帮侧全部闭合,造成 5 人死亡,其中 3 人死于机道转载机头处,直接经济损失 663.59 万元
兴阜矿	2013-04-23	一400 材料道巷道底鼓、局部变形损毁严重,路过此处的 3 人压埋,其中,2 人受伤,1 人经抢救无效死亡
星村矿	2013-08-05	3302 掘进面 30 m 后方 160 m 范围巷道受损,顶板下沉、底鼓、两帮移近量最大分别达 0.8 m、0.7 m、0.9 m,事故造成 4 人受伤
千秋矿	2014-03-27	21032 回风上山掘进工作面两道风门摧毁、局部通风机风筒断裂、通风系统局部风流短路,造成 6 死 13 伤,直接经济损失 705.22 万元
艾友矿	2015-05-26	1601 综放面进风巷上段和进风联络巷下段 72.5 m 范围巷道严重变形,造成 4 人死亡,3 人受伤,直接经济损失 466.1 万元
赵楼矿	2015-07-29	1305 面两巷变形严重,工作面设备遭受一定损失,造成 3 人受伤,直接经济损失 93.87 万元
耿村矿	2015-12-22	13230 面生产期间,下巷 160 余米巷道变形、部分设备损坏或翻倒,造成 2 人死亡

对表 1-1 所列事故分析可以发现，这些冲击地压事故具有以下特点：

（1）多因素耦合致灾。上述事故一般具有多因素耦合致灾的特点，一起事故的发生既包括地质赋存因素的影响，如开采煤层埋藏较深、煤岩体本身的冲击倾向性、顶底板赋存条件、地质构造等，也包括采动影响造成的地质赋存条件改变，如采准巷道设计不合理导致孤岛工作面的出现、遗留煤柱造成的应力集中、采动过程中支承压力与其他应力场的耦合、采动引起的断层滑移或顶板运动等，还包括地震等其他因素的诱发。

（2）坚硬地层条件。上述事故中，千秋煤矿与耿村煤矿距离 F_{16} 逆断层较近，且煤层顶板较为坚硬，顶板之上还存在巨厚砾岩，与其他矿井相比，其煤层的硬度比其他矿井的坚硬；星村煤矿的事故有部分原因是覆岩自重应力大，除埋深外，覆岩自重应力大还与煤岩体本身坚硬致密有关；朝阳煤矿孤岛工作面上方顶板及高位顶板具有坚硬厚层砂砾岩。坚硬地层一般强度较大，有利于冲击能量积聚，能够为冲击地压提供储能条件。

（3）厚层地层条件。厚层地层条件包括两方面内容：其一是煤层埋深大，造成地层累加厚度增大，煤层开采处于深井高应力场条件，如艾友煤矿平均煤厚 6 m，开采垂深为655.8 m，赵楼煤矿孤岛工作面埋深在 870.84～1 007.34 m，星村煤矿事故巷道深度在1 240～1 260 m，埋深大往往造成地应力水平较高，特别是自重应力增大；其二是煤层或对煤层开采有显著影响的地层厚度大，如耿村煤矿"12·22"冲击煤层平均厚度 10.4 m，千秋煤矿煤层厚度 6～8 m，两矿井不仅煤层属于厚煤层，而且煤层上方均存在厚硬砂岩或砾岩，厚煤层高强度开采和厚层坚硬顶板对冲击地压的发生起到助推作用。

随着我国东部地区浅部煤炭资源开采殆尽，深井开采条件下冲击危险依然存在，如何降低乃至消除冲击危险，依然是冲击地压研究人员需要挑战的课题。由于冲击地压影响因素众多，造成以往的研究往往注重对多因素致灾的综合分析，而缺少对主控因素的深入研究。本书在对冲击地压频发矿井地质赋存条件调研的基础上，确定厚层坚硬地层是冲击地压频发矿井的主要影响因素，并进一步对厚层坚硬地层的致灾机理展开研究。结合厚层坚硬地层的特点，提出有针对性的解危措施，研究内容有助于科学理解厚层坚硬地层在冲击灾变中的作用。

1.2 国内外研究现状

1.2.1 冲击地压、岩爆与矿震的研究现状

冲击地压、岩爆、矿震、冲击矿压、煤炮、板炮、微震等概念是与工程动力灾害相关、容易混淆使用的术语，对冲击地压的研究，应注意区分冲击地压与其他动力灾害的异同，从而更有针对性地研究冲击地压。一般，冲击地压与冲击矿压是同义词，两者可以互换使用。煤炮与板炮是针对不同破坏位置、破坏形态提出的相似概念，可通俗理解为煤体或顶底板岩石中发生的噼啪响声，两者可能进一步诱发煤岩体突出、煤岩体破坏等动力灾害。在煤矿地下开采中，煤巷的数量要高于岩巷，煤炮一般发生在煤层内，而板炮一般与顶板来压等相关，从冲击破坏性而言，总体上煤炮的破坏性要强于板炮，故而在早期的研究中，也有学者将煤炮视为冲击地压现象。随着对冲击地压的深入研究及冲击事故案例的增多，煤炮主要用于表述煤体中有动力声响的现象，是一种俗称，而冲击地压则是带有明显破坏性的动力失稳事故，煤炮发生时煤炮位置不一定有宏观、大型的破坏，但冲击地压发生时一般会伴随有煤岩体的

宏观位移、形变等,因此,煤炮与冲击地压在使用时并不相同。微震主要指岩石破裂或流体扰动所产生的微小震动,广义的微震又可分为工程微震(microseism)和天然微地震(microearthquake),煤矿中冲击地压过程中出现的微震现象主要为工程微震,表现为频率低(3~30 Hz)、能量大、衰减慢、传播远等特征。从本质而言,可将微震波视为能量较小的地震波;从频率的研究范围而言,从小到大分别为地震、地震探矿、微震、声发射,但这四者之间的研究范围又有交叉,而并非界限分明。由于冲击地压过程中伴随着煤岩体的破裂,就会产生微震信号,所以可以利用微震监测技术进行震源定位、裂缝识别、冲击危险性预警等[3-4]。但微震并不等同于冲击地压,如在实验室条件下可以监测到单轴压缩条件下试样的微震信号,但这并不会导致冲击地压的发生,在工程现场监测到大量的微震事件,也并非全部都是冲击地压。冲击地压发生时一定伴随有微震事件,但发生微震事件时却不一定会发生冲击地压。类似的,微震与采矿活动密切相关,但微震的应用不仅仅局限于采矿业,因此微震又区别于矿震。当前,冲击地压、岩爆、矿震这三个术语的使用存在一定混淆,因此下文主要讨论三者间的异同。

我国科协在 2010 年 7 月举办的学术沙龙中以“岩爆机理探索”为主题专门针对岩爆、冲击地压这一类工程动力灾害展开了讨论,与会专家均为长期从事相关研究的知名学者,虽然本次会议并未就岩爆与冲击地压形成统一共识,但这次会议中提出的观点却有助于提高对不同工程动力灾害的认识。钱七虎分析认为,均匀岩体岩爆发生在强力压缩、高地应力、存在卸载条件的岩体中,压缩、卸载、卸载后的模量是影响岩爆发生的关键参数,岩爆的动因是强压缩围岩的局部突然卸载,其中,顶板垮落也属于局部卸载的一种形式。对于非均匀岩体,岩石的拉伸破坏主要由缺陷处不协调变形及应力集中所导致,受缺陷处应力集中系数、缺陷尺寸、缺陷处应力松弛速度、初始应力、加卸载时间等因素影响。对于特定岩体,卸载前初始静水压力水平决定岩石的破坏形式,冲击地压是岩爆的特例,凡属于岩石爆炸这种现象均可视为岩爆。何满潮从能量角度分析认为岩石破坏过程包含破坏能和多余能,其中,破坏能主要用于岩石破坏、形成裂纹,多余能则诱发岩爆,并进一步将岩爆分为开挖型和开挖—冲击诱发型两大类。姜耀东建议,应区别使用岩爆和冲击地压,冲击地压更为复杂、受开掘应力及采动应力影响、具有显著的破坏性,而岩爆一般由开掘应力诱发,两者在工程稳定性的要求上也并不相同。唐春安指出,应根据岩爆孕育的不同阶段采用静力学和动力学方法进行研究,岩爆的本质是准静态结构在接近临界状态后受应力波扰动所发生的动力过程,卸载所引发的是结构受力状态的改变而不是结构受载降低,结构的承载力与结构刚度相互矛盾,岩爆发生在结构承载力降低幅度高于结构刚度降低幅度的条件下。窦林名从矿震能量角度对冲击危险性进行评估,认为矿震能量越高冲击危险性越大,当能量高于 10^4 J 时开始出现冲击危险,能量为 10^7 J 时引起的冲击事故较多,能量达到 4×10^{10} J 后发生冲击的概率近乎 100%。张镜剑提出岩爆五因素综合判别及分级方法,依据岩石的脆性系数、弹性能指数、完整性系数将岩爆分为无、弱、中、强四种等级,并认为岩爆是在外因高地应力作用下、内因岩石本身硬、脆、储能条件及完整性良好的条件下发生的,但从其对锦屏一级、二级水电站洞室的分析可以看出,水电站洞室的岩爆破坏范围要比煤矿冲击地压的破坏范围小。L. R. Sousa 指出,岩爆必然是破坏,但破坏却并不都是岩爆,破坏与岩爆间还存在一定区别。周小平等认为“岩爆是高应力条件下地下岩体工程开挖过程中因开挖卸载引起围岩内应力场重分布,导致存储于硬脆性围岩中的弹性应变能突然释放,产生爆裂、松脱、剥离、弹射甚至抛掷等现象的一种动力失稳的地质灾害"。齐庆新等提出了冲击地压的"三因素"机理,认为煤矿冲击地压由内在因素冲击倾向性、层状地层结构及外在因素应力所造成,浅部冲击地压主要为动载冲击,而深部冲击地压主要为静载作用,动静载之间并非绝对的界限分明,不管是静载还是动载,冲击破坏都表现为动态破坏。周辉对深埋隧道岩爆的调研发现,岩爆具有时滞性、随机性、突发性、相对性等特征,发生前会出现不同的板裂化现象,围岩破裂结构成为潜在的岩爆结构。潘一山认为岩爆、冲击地压、矿震等是具有相同力学本质、不同表现形式的现象,内因为煤岩体自身的脆性破坏特性,外因为应力状态及扰动。王存文认为,冲击地压通常指矿山开采中造成破坏的动力现象,而普通的岩体震动、弹射、片帮等不属于冲击地压,且冲击地压是剧烈显现的岩爆,岩爆更具广泛意义,但由于煤矿冲击地压具有较大的灾害性,应区别于隧道等硬岩巷道的岩爆。汤雷认为,速度快、有伤害、先快后慢的围岩变形破坏才算岩爆,岩爆与冲击地压的本质都是岩石的突然破坏,岩爆的发生在于围岩中积蓄的应变能超过其蓄能极限,隧道工程的岩爆以开挖卸压出现较多,而煤矿冲击地压则受采动和应力转移等影响。[5]

  结合已有的成果及近年来对岩爆与冲击地压的研究,笔者认为:(1)从物理及力学本质而言,岩爆和冲击地压在一定范围内可以认为是相同的。如从应力的角度,两者都发生宏观破坏,必然存在应力超过煤岩体强度极限的过程;从能量的角度,两者发生时都伴随有动力响应现象,煤岩体的弹射、运动等需要有多余能量的供给。(2)从术语的使用上,广义上岩爆包含的范围更广,冲击地压是一种强烈显现岩爆。由于煤作为一种工程软岩,其本身是一种特殊的岩石材料,因此可以将煤爆、煤矿冲击地压认为是岩爆的一种。广义的岩爆不仅包含地下煤矿冲击地压这种剧烈的动力显现灾害,还包括其他岩石材料发生爆裂的现象,甚至露天煤矿在地面也会发生煤体爆裂的现象,但这显然不属于冲击地压研究的内容,因此岩爆在广义上使用范围更大。如一些学者在室内实验条件下讨论了岩爆的机理,但室内条件重现冲击地压并被行业认可的案例则非常少见,侧面说明岩爆既包含小试件的岩石爆裂现象,也包括工程尺度的岩体大范围变形破坏,而冲击地压一般是指煤矿中的动力失稳。(3)术语的工程应用范围方面,岩爆更适用于金属矿山、深部隧道、水电站工程等工程硬岩条件下的岩石爆裂现象,而冲击地压更适合于地下煤矿开采中出现的剧烈冲击动力灾害,这是由两者的工程孕育环境所决定的。在金属矿山及隧道工程中,围岩介质一般处于工程硬岩的岩石环境,使用岩爆来直接描述常见岩石的爆裂现象更为妥帖。而煤作为一种工程软岩,除掘进巷道内的冲击地压外,一般煤矿的冲击地压受采动因素影响,冲击失稳的发生时间存在更为明显的滞后性,且冲击地压的范围大、破坏强,"冲击"和"地压"分别描述了这种灾害的动力过程和应力环境,体现了煤矿冲击失稳的特殊特点,因此在地下煤矿开采中使用冲击地压更为合适。尽管一定程度上可以认为冲击地压是地下煤炭开采过程中的剧烈岩爆,但通常意义上岩爆与冲击地压的孕育环境并不相同,故而两者应有所区别。(4)从灾害的工程破坏程度上,一般认为冲击地压造成的破坏要比岩爆更为严重。当岩爆和冲击地压分别应用在不同岩石介质环境时,其所对应的工程破坏程度也并不相同。如隧道岩爆的破坏范围可能只有几米,而冲击地压发生时往往伴随着巷道的片帮、底鼓等严重变形,破坏范围从几米到几百米不等,在严重冲击地压矿井,一般都发生过大范围破坏的实例。(5)总体而言,建议岩爆及冲击地压应区别使用,岩爆主要用于描述常规岩石环境下的岩石爆裂现象,而冲击地压主要用于煤矿地下开采中发生的冲击失稳灾害,虽然从广义而言冲击地压属于岩爆的一种,但结合灾害的孕育环境及工程背景,特别是应审慎使用"冲击地压即岩爆"这种说法,在具体研究时也应结合工程背景展开,而不应避开工程背景而空谈其力学本质是相同的。

矿震与岩爆一般可以区分使用,但还存在一种"矿震在采矿业被认为是冲击地压"的看法。笔者认为,从字面意义而言,矿震主要是指发生在采矿过程中的震动事件,特别是专指矿体开采过程中所诱发的地震或发生在矿井工程条件下的地层震动。按照从属关系而言,冲击地压发生时伴随着巷道的变形及其他动力现象,该过程中会出现地层震动,所以冲击地压发生时一定伴随有矿震,反之则不成立。如煤炭开采后初次来压及周期来压阶段都会发生采空区上方顶板断裂、垮落,该过程中由于垮落顶板砸向采空区,可能出现地层震动现象,即出现矿震事件,但如果仅出现地层震动而在巷道或工作面没有出现破坏性失稳,则认为这样的矿震并不是冲击地压。对于部分位于地震带或区域内发生天然地震的矿井,天然地震也会导致开采空间的震动而引发矿震,这时是否属于冲击地压也要根据矿震所造成的灾害性来评价。因此,不能简单地认为矿震就是冲击地压或冲击地压就是矿震,矿震的主要特征在于矿山工程中发生的地层震动,而冲击地压的主要特征在于采掘空间的破坏性和灾害性。

国际上,A. A. Campoli 于 1987 年提出了"coal mine bumps"的提法,并通过对美国东部 5 个有冲击危险性矿井地质条件、开采技术条件、工程参数的研究,认为煤层上下相对较厚的岩层和刚性极强的岩层是诱发冲击地压的主要地质条件,此外,在地质条件有利于冲击的区域回采过程中的应力集中会增加冲击的概率,开采时造成的窄煤柱和采空区长距离悬顶也会有利于冲击的发生[6]。美国通常将岩爆(rockburst)定义为"过载岩体突然急剧破坏所导致的积聚能量的瞬间释放"(a sudden and violent failure of overstressed rock resulting in the instantaneous release of large amounts of accumulated energy),但由于这一定义过于含糊不清,美国矿山安全与健康协会(MSHA)进一步明确规定将引起人员撤离、影响通风、阻塞通道、破坏开采活动超过 1 h 的动力灾害确定为需要报告的岩爆,并将岩爆分为应变性岩爆(strain burst)、矿柱型岩爆(pillar burst)和滑移型岩爆(slip burst)三种类型[7]。通常,大部分矿震(mining-induced seismicity 或 seismic events)对于矿井没有危害,所以有学者将岩爆定义为与开采空间破坏有关的矿震(a rockburst is a seismic event that is associated with damage to a mine opening)[8]。与煤矿冲击地压相对应的,一般采用 coal burst 或 coal bump 来描述煤矿冲击地压。从现有的文献量来看,rockburst 或 rock burst 相关的文献更多,可能的原因是:一方面,岩爆是广义的岩爆,包含工程岩爆和实验条件下的岩石爆裂,所以其使用更频繁;另一方面,国外金属矿等硬脆岩石条件下的动力岩石爆裂事故较多,而国外的煤矿本身就少,出现冲击地压的数量也要少于我国,有可能造成对岩爆的研究更多。国内部分学者混淆岩爆与冲击地压的关系,一方面可能与其对国内的工程背景不熟有关,另一方面也可能与对国外经验的先入为主和片面理解有关,还可能与其本身对不同问题的主观理解有关。

冲击地压、岩爆、矿震这三个术语在字面意思上就表现出不同,虽然其最根本的力学本质有相通之处,但由于各自的孕育环境、破坏形式、评价尺度、防治手段等并不相同,并不能因为三者具有类似的特点就混淆使用。狭义上,应将三者区别对待、联系研究。从文字的使用及我国的工程现状而言,将岩爆与冲击地压区别开来,不仅使得所研究的科学问题针对性更强,而且还有利于科学知识的普及,能够让不同行业的人望文知义、减少误解。区别开来研究,也有利于研究成果的对比分析,并进一步促进工程问题的解决。

国内外在冲击地压方面已经开展大量研究,并提出多种冲击地压致灾机理及防治技术[9-20]。如近年来提出了冲击倾向性理论、冲击启动理论、扰动失稳理论、多因素致灾理论、上覆岩层空间结构理论、水平应力突变理论、动—静应力场理论、构造应力与采动应力耦合理论、膨胀冲击理论、屈服冲击理论、应力三向化理论、当量采深理论、区域性应力转移理论等理论,并根据冲击地压的不同类型提出了相应的解危措施[1,21-27]。但由于冲击地压的复杂性、在室内条件无法建立与工程冲击地压完全对应的实验模型、理论分析模型与真实条件存在差距使得其适用性受限等原因,虽然对冲击地压的研究已取得较大进步,但距离准确预测和杜绝冲击灾害还有一段距离。可以预见,在未来一段时间内,仍应结合工程背景从不同角度对冲击地压展开研究,通过科学共同体研究成果的不断丰富,进一步揭示冲击地压机理、提高冲击地压防治水平。

1.2.2 地质赋存条件对冲击地压影响的研究现状

狭义的地质赋存条件主要包括地质作用、地质构造、地层结构及其理化特性、原岩应力、瓦斯等原生气体赋存及运移情况、岩浆侵入体或岩溶陷落柱等特殊地质体、水文条件等与原岩赋存状态密切相关的因素,国内外学者从地质演化历史及现状等角度对于原岩地质赋存条件展开了大量研究,部分学者结合特定的地质条件探讨了地质赋存条件与冲击地压的关系。如:

A. T. Iannacchione 指出,冲击地压的研究应结合矿井具体的地质赋存特征展开,在其所研究的煤柱冲击案例中发现,中等硬度的粉砂岩之上存在一层几乎没有节理、裂隙且非常坚硬的石英砂岩,这可能是影响冲击失稳的主要因素[29];H. Maleki 等采集美国 25 个矿井资料并采用混合统计分析方法对节理、割理、夹矸、节理间距、RQD、埋深、顶板厚度、弹性模量、单轴强度、最大水平应力、局部屈服特征等因素展开评价,认为直接顶底板中的局部屈服特性对煤柱失稳及冲击地压的剧烈程度产生影响,开采活动及地质赋存异常会影响应力梯度的分布[30];赵毅鑫通过煤的细观实验认为,显微硬度与纤维脆度都较大时煤较易发生冲击,镜质组最大反射率与最小反射率之差越小冲击倾向性越小[31];李忠华认为高瓦斯煤层的冲击地压机理在于高瓦斯矿井抽采瓦斯等措施造成煤体内的瓦斯解析,促使煤体成为承压骨架并发生弹性变形、储能,外部扰动下可诱发煤体压缩型冲击失稳[32];尚彦军从地应力与成岩条件角度调研发现,岩爆多发生在高级变质岩、深成岩及深部沉积岩中,煤、气赋存的沉积盆地与隧道工程所处的造山带并不是相同的大地构造单元,两者力学上应建立在不同的地质模型上[5];王涛认为,断层活化后其位移量及运动速度均要高于活化前,滑移后断层对采掘空间施加非稳态加卸载冲击,该作用与采动应力相叠加,促进煤体内总的应力水平提高[33];王文婕通过数值模拟研究了不同冲击倾向性煤层的冲击危险,结果表明冲击倾向性越强,垂直应力和积聚的能量峰值距离工作面及巷壁越近,而冲击倾向性弱的煤层应力和能量峰值则会向煤体深部转移[34];A. Mazaira 和 P. Konicek 认为,尽管冲击地压的发生难以预测,但还是首先应根据详尽的地质条件下原岩应力大小和方向对冲击危险区域(burst-prone zones)进行划分[35];H. Lawson 等对宾夕法尼亚州的煤样分析表明,低含量有机硫、高挥发分与冲击呈正相关,挥发分与硫的比值超过 20 后出现冲击危险性,这一数据在已发生冲击矿井的准确率达 97.4%,但未发生冲击矿井仅为 67%,表明动力冲击失稳的发生既有煤岩体的内在因素又有必要的应力条件[36]。

由于地质赋存条件多而庞杂,而且由于地下采矿是一个动态变化的过程,这一过程伴随着矿体的采出和地层的位移形变等,造成受采动影响后初始地质赋存条件发生相应改变。在地下采矿这一工程背景下讨论地质赋存条件对冲击地压的影响,就不得不考虑区域条件、地质演变、采动影响等因素造成的地质赋存条件改变。由于冲击地压的复杂性,从众多地质赋存条件中找到主要影响因素对研究冲击地压的机理显得尤为重要。

1.2.3 组合煤岩体的研究现状

煤系是含煤岩系的简称,一般指含有煤层且在成因上有联系的沉积岩系。根据成煤地质环境,煤系又可分为近海型和内陆型两种类型,我国华北地区的石炭二叠纪煤系属于近海型,其特点是煤系及煤层厚度不大,但煤层及可作为标志层的石灰岩层数目多[37]。在含煤岩系中,对地下采矿具有直接影响的是煤层及其顶底板岩层,顶板、煤层、底板这一组合结构恰好构成含煤岩系的基本单元,即满足含煤岩系含有煤层这一最大特征的要求。因此,本书将顶板、煤层、底板组成的煤系地层作为主要研究对象,针对这一三元组合地层结构展开研究。组合煤岩体是建立在煤系地层赋存条件下的简化地质赋存模型,国内外学者采用实验方法对组合煤岩结构进行了一定研究,并取得一些进展,如:

刘波等对孙村煤矿的深井坚硬煤岩组合体进行冲击倾向性实验研究,组合体结合部分采用502胶,二元或三元的组合体模拟顶板、煤层、底板的二元或三元组合方式,其中,二煤的顶板考虑了直接顶的影响,即顶板包含直接顶和基本顶两种类型的顶板。实验表明,总体而言单轴抗压测试中的单体试件加入岩层后有增加试件强度和冲击倾向性指标的趋势,但这种趋势并非对所有组合试件都有效,部分试件的强度可能略低于纯煤试样。但总的来看,组合体的破坏仍以组合体中强度较弱的煤作为主破坏区域,因此组合体的极限破坏强度接近纯煤抗压强度。浸水后,煤岩体的强度都出现了下降,由于浸水后煤岩体形态的改变,使得浸水后的组合体实验难以进行对比研究[38]。窦林名等研究了单轴压缩条件下组合煤岩样的特性,实验证明组合体试样的力学性质与纯煤样不同,岩石的含量、强度越大,越有利于冲击地压的发生。组合体的峰前、峰后更陡峭,这在一定程度上可以解释为组合体更有利于破坏前的蓄能和破坏过程中的能量急剧释放。对组合煤岩体单轴压缩过程中的声发射和电磁辐射信号监测表明,两信号均随着载荷的增加而增加,但在破坏过程中两信号有所区别。虽然破坏前后两者都经历了增加及突降的过程,但声发射的峰值信号对应于组合体破坏时的峰值载荷,而电磁辐射的峰值信号则要略滞后于组合体的峰值载荷。突降后,峰后声发射信号还会有反弹增加,而电磁辐射信号在突降后回落降低[39-40]。郭东明等采用广义胡克定律对二元煤岩组合体交界面处的受力进行了理论分析,认为交界面处的岩体由单向压应力变为三向拉应力,而煤体则由单向压应力变为三向压—拉应力。在单轴压缩实验过程中采用CT扫描技术进行观测表明,二元煤岩组合体的破坏由底部的煤层下部开始,并最终导致煤岩体整体的剪切破坏。对不同倾角的组合煤岩体强度展开实验研究表明,组合体倾角在15°以下时,倾角对组合体强度影响较小;倾角超过15°后,倾角越大,组合体的单轴抗压强度越低。三轴条件下,不同倾角时随着围压的增大组合体的强度都有所增加,且倾角越大,强度增幅越快。说明倾角对组合体破坏产生一定影响,倾角增大后,组合体出现了由煤体压剪破坏向结构面滑移失稳转变的趋势,这种变化趋势导致组合体在大倾角破坏时离散性更强[41]。左建平等认为,煤炭领域的"深部开采"对应于井下巷道及围岩发生剧烈、严重变形的开采深度,这一概念与冲击地压的临界深度相类似,即认为超过相应的临界或深部深度,开采灾害随开采深度的增加而呈现增多趋势。对钱家营矿煤岩体的单轴及三轴实验表明,组合煤岩体的强度介于纯煤与纯岩的强度之间,但破坏的部分以煤体破坏为主,岩体可能会受到局部破坏。总体上,随着围压的增大组合体的残余强度和弹性模量越高、延性越明显,三轴条件下煤岩体强度的离散性要低于单轴条件下。从破坏形式而言,单轴条件下组合体以劈裂破坏为主,而三轴条件下,组合体的破坏形式以剪切破坏为主。对 2∶1 的岩—煤组合试件进行分级加卸载单轴实验,采用黏合剂进行组合,实验表明加卸载条件下组合体中煤体的破坏要比单轴条件下的破坏更破碎,且强度略有提高,但要低于纯岩石的强度。组合体的轴向和环向应变有下降趋势,加卸载曲线一般不重合,且较多情况下部形成闭合回路,表明加卸载过程中伴随着煤岩体的损伤和能量变化。同时,左建平等认为当加载曲线与卸载曲线近乎重合时,此时的组合体为完全脆性材料,预示着组合系统破坏的发生[42-44]。姚精明等采用 $\phi 50\ mm \times 100\ mm$ 的标准尺寸试件研究了组合体受载的电磁辐射特征,且将组合体中的底板部分的尺寸固定为 25 mm。研究发现,组合体中顶板岩石越多,组合体破坏时所产生的电磁辐射信号就越强。不同组合条件下,临界强度各不相同。与之相对应的,电磁辐射信号的阶段性分形维数特征与典型的应力应变曲线相似,即分形维数逐渐增加至某一峰值,然后在破坏阶段后下降或迅速下降。虽然该前兆信息可用于冲击地压的预测,但由于煤岩体发生主导破坏时,破坏的爆发还存在一个时间效应,由于冲击地压的突发、瞬时特性,依据主导破坏进行冲击预报并采取解危措施还存在一定风险[45]。张泽天等对组合煤岩体的组合方式展开实验研究,表明煤体是破坏的主要部分,相同比例的"岩—煤"或"煤—岩"组合方式对实验结果的影响不大,但三体组合和二体组合、单轴加载与三周加载的结果存在一定差异。三体组合条件下,组合体强度相对更高。低围压条件对组合体影响较大,但随着围压的增加,组合体间的强度差异逐渐缩小[46]。宋录生等通过循环加卸载实验测定了顶板与煤二体组合标准试件的冲击倾向性,实验设定顶板与煤的高度比为 1∶1 和 2∶1,组合体由AB 强力胶进行黏合。实验表明,不同煤岩试样具有一定离散性,随着顶板在组合体中所占比率的增多,组合体的单轴抗压强度、冲击能量指数、弹性能量指数均有增加趋势,而动态破坏时间相应下降,导致组合体的冲击倾向性由弱冲击变为强冲击[47]。姜耀东等对单体煤样、二体"岩—煤"和三体"岩—煤—岩"的组合结构体进行过类似的实验研究,试样的高度比均设置为 1,但在组合体的接触面处理方面采用了自然接触的方式。与采用 AB 强力胶的实验结果相比,组合体接触面采用自然接触时,随着组合体组合构件的增加组合体的平均强度有下降的趋势,这与采用 AB 强力胶所获得的实验结果相反。但就个体试样而言,实验结果还存在一定离散性,如单体煤样单向加载时强度极限可达到 20.2 MPa,而在循环加载条件下仅为 14.6 MPa;二体"岩—煤"的极限强度分别为 15.23 MPa、13.37 MPa;三体"岩—煤—岩"的组合个体极限强度则分别为 13.51 MPa、14.56 MPa[1]。由于试件的离散性,仍需要大量实验来验证组合体的强度趋势。加之现有的试样成型还存在技术瓶颈,以真实地层比建立的组合体模型相关的研究目前相对较少。

1.2.4　厚层坚硬地层冲击地压的研究现状

岩石地层单位主要包括群、组、段、层这四种基本单位,其中层是最小的岩石地层单位。有观点认为,岩层按照单层厚度可划分为薄、中厚、厚、巨厚四类,各自厚度 h 的范围分别为

$h{\leqslant}0.1$ m、0.1 m${\leqslant}h{\leqslant}0.5$ m、0.5 m${\leqslant}h{\leqslant}1$ m、1 m${\leqslant}h$[48];而在地下煤炭开采中,按照煤层厚度将煤层分为薄、中厚、厚三种类型,相应的厚度分别为<1.3 m、$1.3\sim3.5$ m、>3.5 m[37]。两者对比可以发现,若按照岩层的划分标准,对回采有显著影响的直接顶、基本顶、煤层、直接底、老底一般属于厚到巨厚岩层的范围,而夹矸层、伪顶、伪底等的厚度也可能横跨薄到厚的范围。显然,采用岩层厚度标准来划分煤系地层,其区分度并不明显。国内对于煤层厚度的划分标准一般较为认可,而对于岩层按照厚度划分并被工程认可的标准却相对较少。以往的研究中也出现过巨厚、特厚等与地层厚度相关的概念,但并没有提出界限明显的划分标准,有学者认为煤层厚度超过 8 m 后为特厚煤层,而对于巨厚煤层,业界并没有形成定量共识,在特厚与巨厚之间也没有建立相应的区分指标。一方面,工程地质条件下的定量划分其适用范围有待考证;另一方面,厚、特厚、巨厚等划分标准的实用性依赖于实际的地质赋存条件,不同的地质赋存条件下地层的厚度组合及相应的工程指导意义并不相同。因此,本书所提出的厚层概念主要为参照煤层厚度标准的定性描述。

工程岩体分类主要用于区分岩体质量的好坏,从而进一步用于工程评价。新中国成立前,我国按照岩石单轴抗压强度 σ_c 将岩石分为软弱、次坚硬、坚硬、特坚硬,相应的区分度分别为 $\sigma_c<40$ MPa、$40\sim100$ MPa、$100\sim160$ MPa、$160\sim250$ MPa,由于按照此方法进行分类时并没有考虑到岩体中软弱结构的影响,使得这种分级方法目前应用较少。此外,按照岩石稳定性、岩体完整性等角度分别提出了 Stini 分类、巴库地铁分类、RQD 分类、弹性波速分类、Franklin 岩石工程分类、Bieniawski RMR 岩土力学分类、Barton 隧道工程 Q 分类等分类方法,用以评价岩石的好坏或稳定性。目前,我国的《工程岩体分级标准》(GB/T 50218—2014)定量评价主要从岩石单轴饱和抗压强度(σ_c)和岩体完整程度两个方面进行,前者将岩石的坚硬程度分为极软岩、软岩、较软岩、较坚硬岩、坚硬岩五类,各区分度分别为 <5 MPa、$5\sim15$ MPa、$15\sim30$ MPa、$30\sim60$ MPa、>60 MPa[49]。在煤矿开采及相关的力学测试中,一般采用单轴饱和抗压强度的较少,而且煤这种特殊的岩石其总体力学性能相对较弱,受煤中组分影响,饱和条件下煤样还有可能出现形态改变、力学性能急剧降低等情况,使得使用单轴饱和抗压强度评价煤的硬度时存在一些问题。而且从煤系地层的赋存来看,工程岩体的软硬考虑的是大的岩石环境,而非仅针对煤系地层,造成借鉴这种定量评价时煤系地层的强度指标接近甚至达不到工程硬岩的标准。

但从工程实际而言,厚层坚硬地层是煤系地层中较为特殊的一类原岩赋存条件,其基本特征表现为地层厚度大、地层较为坚硬。这种厚度和坚硬的区分建立在与类似煤系地层相对比条件下,乃至同一矿区不同工作面地质赋存条件改变后的对比,也表现在煤系地层中局部地层的厚和硬,如厚煤层、厚顶板、坚硬煤层、坚硬顶板等。已有的冲击地压事故表明,厚层坚硬地层是孕育冲击地压的重要地质赋存条件,在工程背景下,虽然厚层坚硬地层有其定量描述的基础,但却难以建立统一的标准,因此,本书探讨的厚层坚硬地层为定性的、相对的描述,而非精确的定量描述。从已有的研究来看,国内外学者在对于煤系地层的厚且坚硬的描述上,一般也以定性描述为主。厚层坚硬地层条件下的冲击地压研究,主要集中于顶板的力学结构、厚层坚硬地层的作用、顶板失稳的前兆信息等几方面,如:

谭云亮等通过板结构模型获得弹塑性屈服状态下结构模型的上限解,并结合现场实践建立了来压步距的计算方法[50]。王淑坤等通过对刚度及悬臂梁顶板弯曲能的分析认为,厚层坚硬顶板的刚度较小,在悬顶后造成煤壁附近应力集中,是冲击地压的主要力源[51]。徐曾和依据刀柱式工作面布置方式,采用固支梁模型从材料力学角度分析了冲击地压发生的充要条件和影响因素,认为发生冲击地压时需具备具有应变软化特性的煤柱系统受载要达到或超过其峰值强度,推进距离、煤体的单轴强度与冲击危险正相关,而顶板梁的抗弯刚度则与冲击危险负相关。但实际上,顶底板与煤体构成采煤的活动空间,顶板抗弯刚度越大,越有利于顶板悬顶,反而不利于冲击地压的防治。因此,该理论还需要进一步完善[52]。秦四清等将顶板视为弹性梁并依据柱式采煤的工程条件建立了相应的简化力学模型,引入Weibull分布建立煤柱的损伤本构关系,发现煤岩系统的刚度对系统的失稳有较大影响,这种特性对应于煤岩材料的脆性特征,即脆性越高,失稳的发生越容易。进一步的非线性动力学研究表明,单纯依靠声发射或微震进行冲击危险性预测并不可靠,这是因为虽然冲击前有较大概率出现前兆反常现象,但前兆反常现象并不一定引起冲击事故[53]。李新元等将初次来压的坚硬顶板视为变系数平面应变弹性基础梁,并分析了顶板断裂前后的位移和能量变化情况,认为距离工作面越近,坚硬顶板积聚和释放的能量越大,并将工作面前方煤体中坚硬顶板断裂后发生压缩、反弹的区域视为震源区域。但由于该模型没有将水平方向作用力和动载考虑在内,故而还有待于进一步完善[54]。曹安业等认为,坚硬顶板在积聚能量后的运动过程中释放强大震动波,这种扰动波的参与易诱发冲击地压。基于点震源和弹性球面波传递等假设,结合顶板破坏的理论震动位移分析及实践获得的微震信息,认为震源处为张性拉伸破坏并向外传播压缩波。需要注意的是,由于现场的采场或采空区空间为立体空间,顶板的破断既有可能是阶段性破坏,也有可能是整体断裂垮落,而点震源的假设并没有将这种立体空间的作用效果考虑在内,特别是没有进一步将震动与巷道或采场的破坏相结合[55]。张向阳对采空区顶板进行了蠕变损伤的理论分析,认为采深增加所造成的覆岩应力增大会加速顶板的断裂,并指出顶板围岩的抗拉强度与顶板断裂的滞后时间正相关,但顶板断裂的孕育时间却与之无关。由于其所建立的模型并没有结合采矿的工程实践,没有将工作面不断向前推进考虑在内,因此,还有必要进一步将采矿活动的移动特征考虑在内,进一步分析顶板的蠕变损伤特征[56]。浦海等以四边固支和四边简支的板模型理论分析了顶板破断的"O—X"模型,证明顶板破断首先从长边的中心开始。进一步的数值模拟表明,顶板破断经历了长边中心→长边扩展→短边中心→短边扩展→"O"形下沉→下底面离层的主要破坏过程。但在理论分析方面,没有详细指出为什么破坏在长边中心发生后会沿着长边进一步扩展,且没有进一步解释尺寸效应对顶板"O—X"破断模型的影响[57]。陈法兵通过数值模拟研究了关键层距离煤层远近对冲击地压的影响,并提出了回向摩擦力的概念,认为关键层距离煤层越近,冲击危险性越高;顶底板对煤层的夹持摩擦力越大,越有利于冲击地压的形成。该研究从煤层冲击形成的力源角度进行了初步研究,但由于实际冲击地压不仅较多地表现为煤层冲击,同时冲击的体量也不完全是整层突出,且在厚煤层开采中,巷道高度往往小于煤层厚度。因此,仍需要深入研究关键层对冲击地压的影响[58]。蓝航等对新疆某矿浅埋深冲击地压的研究认为,厚层坚硬顶板长距离悬顶及见方、来压、推进速度过快、冲击倾向性等因素共同作用导致了冲击失稳,并认为厚层坚硬覆岩是工作面动力灾害的力源[59]。庞绪峰采用四边简支薄板模型研究了孤岛工作面冲击失稳机理,研究表明坚硬顶板的强度主要由抗拉强度决定,拉应力超限后引发顶板断裂失稳,进一步的研究表明悬顶距离对顶板弯曲应变能积聚有显著影响,长距离悬顶有利于顶板能量积聚[60]。吕进国、曾宪涛、张科学等对巨厚砾岩与逆断层条件下冲击地压研究表明,巨厚砾岩为冲击失稳提供了应力集中、能量积聚的条件,采动影响下的断层滑移、顶板运动则会作为动载扰动激发冲击失稳[61-63]。杨敬轩等基于应力波在坚硬顶板群中的传播规律研究了厚层坚硬顶板条件下顶板结构失稳对采场的冲击影响,认为失稳顶板的厚度与采场的冲击破坏强度呈正相关,但在顶板群结构中,已垮落的顶板会减缓更上层覆岩失稳带来的冲击影响[64]。吕海洋等针对采空区顶板关键块的对称与非对称回转运动进行了理论和数值模拟研究,研究表明关键块回转初期以滑动摩擦为主,水平作用力随着回转角先增大后减小,关键块的后期运动既包含滑动失稳,也包括回转运动。对于非对称运动下单一关键块的回转而言,水平作用力的增速要小于对称条件下的增速,硬岩条件下,坚硬顶板更易发生滑动失稳。而当两关键块均发生非对称回转时,随着回转角的增大水平应力呈现波动增加的特性,这种波动增加特性增加了顶板运动的多种可能性,使得顶板灾害难于精确预测[65]。夏永学针对顶板断裂型、采动应力型、断层活化型冲击地压的地音信号展开了研究,由其数据可知,顶板断裂型冲击前地音信号较为平稳,而发生失稳破坏时地音频次和能量则会急剧增加;采动应力下的冲击地音信号,则是随着采动应力的增加而增加,达到一定峰值后出现失稳,而这个峰值该如何判定却是个难以解决的问题;而断层型冲击,即有可能表现为冲击前短时沉寂反常现象,也有可能表现为短时激增,这种不确定性不利于提高冲击地压预报的精确性。值得注意的是,现场的冲击地压是多重作用下的一种显现形式,其影响因素可能是顶板断裂、采动应力及断层的一种或几种的影响,对于这一多重作用所造成的一种显现形式,还需要建立与之相对应的各种前兆信号的评价,以提高冲击地压预报的水平[66]。

上述研究从不同角度展开,为理解厚层坚硬地层冲击地压机理提供了有益借鉴,也在一定程度上证明了厚层坚硬地层条件确实有利于冲击地压的孕育,在前人研究的基础上,有必要根据现有研究的不足对厚层坚硬地层冲击地压展开更深入的研究。

1.2.5 存在的问题

通过以上分析可以看出,虽然国内外学者对冲击地压展开了多方面的研究,但在以下几方面还存在一些问题:

(1) 没有从更大尺度把握地质赋存条件与冲击地压的关系。以往的研究一般针对一次冲击事件进行分析,虽然针对性较强,但分析的角度却局限在较小的时空范围以内,造成对地质赋存因素的评价仅仅存在于有限的空间而没有对更广阔的空间展开横向对比研究,造成冲击地压与地质赋存条件的评价较多地归因于多因素致灾,而没有把握住孕育冲击地压的主要影响因素。

(2) 依据煤系地层地质赋存条件建立相应组合模型的工作量还不够。虽然有学者注意到煤系地层中顶板、煤层、底板这三个地层的关系,但在力学实验中较少依据真实地层条件建立相应的组合体模型,有部分学者注意到煤系地层真实比的存在,但由于考虑真实比后试件难以加工成型且不易监测,造成相关的研究工作较少,以二体等比或二体 2∶1 等组合方式建立的组合体模型并不能与真实地层赋存情况形成有效对应。因此,仍有必要针对煤系地层的赋存条件建立相应的分析模型,并进一步探讨不同组合方式下煤系地层的破坏特征。

(3) 在顶板分析模型中,对采动影响的考虑不足,且一些模型的建立缺少对工程实践的考量。出于研究需要,一些学者采用板或梁结构等模型分析了顶板对于冲击失稳的影响,但在模型建立时进行了一定简化,且平面模型较少考虑工作面采动的影响,对顶板的分析仍以静态分析为主,没有考虑顶板运动形式对冲击地压的影响。由于地下开采工程是一个动态变化的过程,采用静态的方法和观点能在一定程度上解释一些动力现象,但却与工程实践存在一定脱节。此外,动静载诱发冲击失稳的机理已被一部分学者所认可,静载条件下一般存在高应力场,而认为浅部冲击地压是动载的影响,但动载怎样进一步转化为高应力条件,目前还没有从根源上研究透彻。

(4) 定量化的冲击危险性评价存在指标重叠、危险性预判不符合实际的情况。目前,国内外已经建立了多种定量化评价冲击危险性的方法,但对一些评价方法的深入分析可以发现,依据定量化评价不仅存在评价结果可能不能反映客观事实的情况,一些建立在主观打分基础上的评价方法本身就带有评分人主观意愿的嫌疑。笔者认为,对冲击危险性的评价,应将定量评价与定性评价相结合,特别是根据开采的不同阶段建立基于采动与地质赋存条件的冲击危险性评价方法。

(5) 已有的防冲技术效果有待于进一步提高。国内外学者针对冲击地压现象提出了众多的防治措施,但从实践来看,这些措施虽然起到了一定作用,但在冲击地压频发的矿井,依然不能杜绝冲击地压的发生。如何在考虑地质赋存条件的基础上利用已有的防冲技术进行技术创新并提高防冲效果,依然是研究人员需要挑战的内容。

除以上所述问题外,在冲击地压机理及防治方面的研究还存在一些其他问题,但这些绝不是研究工作者的无能,而恰恰是由于冲击地压的复杂性而造成冲击地压的研究任重道远。在科学研究的路上,有先后,却没有贵贱。前人的研究为后来者提供了便利,而后来者也恰恰是在前人研究的基础上一步步接近客观事实,不同学者所编织的全景视角,为全面理解冲击地压提供了可能,从而推动冲击地压防治水平的提高。

1.3 研究内容及技术路线

本书在广泛调研冲击地压现象的基础上,结合同煤集团忻州窑矿厚层坚硬煤系地层的地质条件,采用统计调研、数值模拟、理论分析、技术创新等多种方法对厚层坚硬煤系地层冲击地压机理及防治展开研究,主要包括以下几个方面:

(1) 煤系地层地质赋存条件与冲击地压的相关性分析

在总体把握我国冲击地压矿井空间分布的基础上,选择冲击地压较为严重的矿井作为统计样本分析冲击地压事故发生的时间特征。在此基础上,以忻州窑、三河尖、千秋煤矿为重点研究对象,通过统计调研的方法研究冲击地压矿井煤系地层的介质属性及其空间分布特征,主要包括煤系地层的厚度、煤系地层的强度、地应力水平、冲击倾向性特征、地层倾角、开采深度、地质构造、地震带分布、瓦斯及气流、水文条件等。在此基础上,初步确定影响冲击地压的主要地质赋存因素。

(2) 坚硬组合煤岩破坏特性研究

以忻州窑矿开采煤层煤岩体的力学参数为基础,基于地层的真实赋存比在 RFPA 中构建与之相对应的数值模拟模型。在对输入参数进行敏感性分析的基础上,结合力学实验确定适用于数值模拟的地层参数。研究单轴加载条件下二体等比组合体、二体真实比组合体、三体组合体的破坏特性;研究在三体组合模型中设置孔洞时单轴条件下孔洞位置及孔洞大小对组合体破坏的影响;研究三轴围压条件下不同围压水平及相同围压时不同组合高度比对组合体破坏的影响。通过基于真实地层比的组合体破坏特性研究,揭示静载条件下组合体的破坏特征。

（3）厚层坚硬煤系地层冲击地压机理

以厚层坚硬煤系地层组合结构及破坏条件为基础，结合已有研究中关于开采扰动后巷道周围的分区特征，采用钻孔窥视法实测煤岩体中的分区破坏情况。分析厚层坚硬地层条件下的主要动载扰动源及其冲击效应，总结厚层坚硬煤系地层冲击地压机理，并根据不同的失稳机理提出相应的防治策略。通过本部分的研究，解释冲击地压显现过程中的片帮、底鼓、冒顶等现象，探讨超前应力区、多巷交汇区的冲击地压频发等科学问题。

（4）地质赋存与采动影响下的冲击危险性评价

在综合分析现有冲击危险性评价方法的基础上，提出根据不同开采阶段、不同因素的影响程度建立采动地质影响下的冲击危险性评价方法。结合忻州窑矿 903 盘区 8933 工作面的工程背景，在综合分析其煤系地层赋存条件、采动情况、区域构造应力环境的基础上，采用 FLAC 3D 软件研究不同原岩应力水平、连续采动的应力演化、采掘顺序、工艺巷等对应力演化及冲击危险的影响，并根据研究结果对忻州窑矿 8933 工作面的冲击危险性进行评价。

（5）厚层坚硬地层冲击地压防治方法

在分析现有冲击地压防治技术的基础上，结合忻州窑矿厚层坚硬地层高瓦斯的特殊地质条件及其防冲技术难点，研究高瓦斯矿井上巷防治冲击地压的技术方案及上巷合理位置的确定。采用数值模拟方法，研究采用上巷进行单面全采全充时充填的效果及上巷的稳定性，并进一步研究单面条带充填、工作面条带充填等不同充填方案的技术效果，探讨上巷防冲的技术效果及其应用可行性，为冲击地压的防治提供新思路。

本书的技术路线如图 1-1 所示。

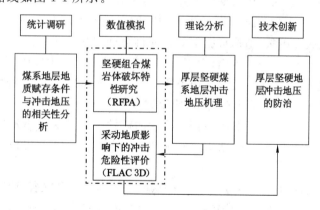

图 1-1　技术路线图

2 煤系地层地质赋存条件与冲击地压的相关性分析

针对煤系地层冲击地压灾害,采用统计调研的方式对我国冲击地压的时空分布特征、煤系地层的介质属性及其空间分布特征等展开研究。调研我国冲击地压矿井的现状及典型冲击地压事故发生的时间,对煤系地层厚度、强度、地应力、冲击倾向性、地层倾角、开采深度等因素展开调研,初步探讨煤系地层地质赋存条件与冲击地压的关系。

2.1 我国冲击地压的时空分布特征

2.1.1 我国冲击地压矿井的空间分布

据统计,1985 年我国冲击地压煤矿仅为 32 个,而到 2011 年年底,我国冲击地压煤矿的数量则增至 142 个[13,67-68]。表 2-1 所示为调研到的我国冲击地压煤矿最新统计情况。需要说明的是,表中所列的煤矿并非全部为现有生产矿井,且表中所列的矿井情况与实际发生冲击地压的矿井还存在一定出入。一方面,冲击地压是一个复杂的动力显现过程,不仅孕育机理极其复杂,而且在不同的历史时期学术界、社会等对于冲击地压的定义并没有形成统一的认识,有可能造成一些矿井动压现象被归为冲击地压,也有可能存在一些冲击地压事故在分类时被归为顶板或底板事故,造成根据文献和资料统计到的冲击地压矿井情况与真实的冲击地压矿井情况存在差距;另一方面,由于一些煤矿在发展过程中经历了兼并重组、更名、关停等情况,使得这些矿井的现有资料与历史资料无法有效地形成对应,加之部分生产能力较小煤矿的冲击地压研究和文献相对较少,使得表 2-1 统计到的具体矿井要少于实际发生冲击地压矿井的数量。此外,一些具有冲击危险性的矿井被认定为冲击地压矿井也会造成统计数据的失真。不过从总体上看,表 2-1 所统计的数据能够较为客观地反映我国冲击地压矿井的空间分布。

根据表 2-1 所统计的资料,将其中可以确认的冲击地压矿井在谷歌地图中找到并标记,可得出我国冲击地压矿井的空间分布特征:(1) 我国南部和北部均有冲击地压煤矿,但北部冲击地压矿井数量要高于南部;(2) 我国中东部地区的冲击地压矿井数量要远大于我国西北部和我国南部沿海区域,如我国西北部的青海、西藏及我国南部沿海的福建、广东、广西、云南等地区基本未见冲击地压事故的报道;(3) 渤海、黄海周围的近海内陆区域是冲击地压高发区域,山东是冲击地压矿井最多的省份,环渤海湾周边的河北、北京、辽宁等地也是受冲击地压影响较为严重的地区;(4) 冲击地压矿井的分布具有区域聚集趋势,如图 2-1 所示为山东省微山湖附近的冲击地压矿井平面分布图,山东是我国冲击地压煤矿最多的省份,山东省内及江苏徐州北部的冲击地压矿井主要分布在微山湖周边,呈现较为明显的区域聚集特征。在其他区域的矿井标注过程中也发现了这一现象,如大同矿区的冲击地压矿井主要集中于大同的南郊区,义马矿区的冲击地压矿井主要出现在距离较近的同一纬度上等,暗示着冲击地压的发生可能与区域构造或区域地质赋存条件有较为密切的关系。

图 2-1 微山湖周边冲击地压矿井平面分布

表 2-1　　　　　　　　　　　　我国冲击地压煤矿统计情况

地区	数量	冲　击　地　压　煤　矿
全国	157	
山东	43	兖州济二矿、济三矿、东滩矿、南屯矿、鲍店矿、北宿矿,新汶华丰矿、孙村矿、良庄矿、协庄矿、潘西矿、张庄矿,临沂古城矿、王楼矿,肥城梁宝寺矿、陈蛮庄矿,枣庄联创实业有限公司(原陶庄煤矿)、山东八一煤电化有限公司(原八一煤矿)、柴里煤矿,淄博北徐楼矿、新巨龙矿、唐口矿、星村矿、赵楼矿、朝阳矿、滕东矿、高庄矿、欢城矿、微山金源煤矿等
黑龙江	12	鹤岗富力矿、峻德矿、南山矿、兴安矿,七台河新兴矿、桃山矿,鸡西城山矿,双鸭山集贤矿、新安矿、东荣二矿等
辽宁	12	阜新五龙矿、孙家湾海州煤矿(原属于五龙东井)、恒大煤业公司、艾友煤矿、兴阜煤矿、抚顺老虎台矿、胜利煤矿等
河南	11	义马千秋矿、跃进矿、常村矿、杨村矿、耿村煤矿、新义煤矿,平顶山十矿、十一矿、十二矿,平禹方山矿,鹤壁五矿
江苏	8	徐州三河尖矿、张双楼煤矿、权台矿、张集矿、庞庄矿张小楼井、孔庄煤矿、旗山煤矿等
山西	8	大同同家梁矿、煤峪口矿、忻州窑矿、白洞矿、四老沟矿、赵庄煤矿、塔山矿、永定庄矿
北京	6	木城涧煤矿、大安山矿、大台矿、长沟峪煤矿、房山煤矿等
河北	5	开滦唐山煤矿、赵各庄矿,峰峰大淑村矿等
吉林	4	龙家堡煤矿、辽源西安煤矿、道清煤矿等
四川	4	天池煤矿、擂鼓煤矿、"五一"煤矿等
甘肃	4	窑街一号井、华亭煤矿、砚北煤矿、王家山煤矿
新疆	4	宽沟矿、乌东矿、硫磺沟矿、铁厂沟煤矿(现属于乌东煤矿北采区)
重庆	3	南桐矿、砚石台煤矿、江合煤矿
安徽	3	芦岭煤矿、海孜煤矿(巨厚火成岩)、朱集东矿
内蒙古	3	古山矿、长城矿、福城煤矿

地区	数量	冲 击 地 压 煤 矿
陕西	1	铜川下石节矿
江西	2	安源煤矿等
贵州	10	
湖南	14	

同时注意到,贵州、湖南两省虽然有多个冲击地压矿井,但由于这两个省份的大型生产矿井数量较少,省内大部分为年生产能力在 30 万 t 以下的小煤矿,使得这些矿井在冲击地压资料收集、事故分析、技术研发等方面存在诸多困难。一方面,小型矿井的监管和技术力量相对薄弱,使得这些矿井的事故信息不易被披露;另一方面,这些矿井的防灾技术相对落后、科研项目相对较少,冲击地压现象可能表现为偶发性而非频发性,且对于频发性的冲击地压小型矿井,极有可能遭遇政策性关停。

表 2-1 所示的冲击地压矿井不仅在地域分布上跨度较广,而且在冲击类型、耦合因素方面同样具有多样性。如山西大同矿区、新疆地区的冲击地压表现为浅埋深冲击地压,而山东的部分矿井则表现为深井冲击地压;统计中的矿井较多的表现为煤层冲击,即煤爆,但山东的潘西矿、江苏的庞庄煤矿则出现岩层冲击,即岩爆;大部分冲击地压矿井的煤层及顶底板表现出硬岩的特性,而内蒙古长城煤矿则在"三软"条件下发生动力冲击现象;生产矿井的采动影响对冲击地压的发生具有重要影响,但山西塔山矿在基建期间也曾发生过冲击地压;煤与瓦斯突出、瓦斯赋存等也会影响冲击地压,但并非所有的矿井都具备高瓦斯或煤与瓦斯突出条件;地震或矿震参与了部分处于地震带矿井的冲击地压的孕育形成,但并非所有处于地震带的矿井都发生过冲击地压。可见,冲击地压的孕育形成非常复杂,需要有针对性地选择冲击地压较为严重的矿井进行调研,通过对频发冲击地压矿井的研究,揭示冲击地压频发的影响因素,进一步探讨冲击地压的机理及防治。从共性到个性,逐步推进冲击地压机理及防治的研究。

2.1.2　我国冲击地压事故的时间分布

一些学者从天体活动角度研究了天体运动对冲击失稳的影响,认为天体活动显著影响处于临界失稳的煤岩体,但不同活动周期内其影响力并不相同,如农历十五左右,冲击危险性有增加的可能[11,69]。综合考虑我国冲击地压的复杂性,且一些冲击地压矿井的详细地质资料无法获取,本书从区域性、高发性、致灾性、资料完整性等角度,选取山西大同忻州窑煤矿[70-87]、江苏徐州三河尖煤矿[88-104]、河南义马千秋煤矿[62-63,105-123]这三个受冲击地压影响严重的矿井,对三个矿井有明确日期的冲击地压事件进行统计,根据统计的 179 次冲击事件以年、月、农历日为统计单位绘制如图 2-2 所示的冲击事故时间分布图。

图 2-2 共统计忻州窑矿冲击地压 94 次、三河尖矿冲击地压 30 次、千秋煤矿冲击地压 55 次,事故总数达 179 次。与对矿震或微震的统计相比,这些事故都出现了宏观的动力显现,如底鼓、片帮等,符合冲击地压动力显现的特征。但从统计的结果来看:(1)自首发冲击地压以来,忻州窑矿、千秋煤矿此后多次发生冲击地压,特别是在 2009 年左右,冲击地压事故相对较频繁,两矿井始终存在冲击地压危险,而三河尖矿的冲击地压主要发生 1991～2004

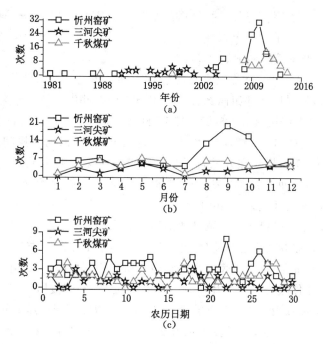

图 2-2　冲击事故时间分布图

年,其他时间未见文献报道该矿的冲击地压事故;(2)从冲击地压的发生月份而言,除忻州窑矿 8~10 月份冲击地压相对较为集中外,其他矿井及其他各个月份都有发生冲击地压的可能,从三个矿井的事故统计来看,冲击地压集中发生于某个特定月份的趋势并不强;(3)从农历的发生日期而言,三个矿井的每天发生冲击地压的概率大体相当,并未见农历 15 前后或农历初一、三十前后冲击地压较为频繁的发生,说明冲击地压频繁的矿井,其发生冲击地压的随机性较强,发生时间并不集中在某一个特定的年、月或日。

在冲击地压防治时,不能只对特定的时间进行重点监测预防,而忽略其他时间冲击地压发生的可能。冲击地压的发生有可能受到天体活动或其他更大范围的应力场或外部环境影响,但从发生时间而言,这种影响并没有直接导致冲击地压集中于特定时间段内发生,故而认为,冲击地压的时间聚集特征并不明显。

2.1.3　冲击地压的特征

在对全国冲击地压现象调研的基础上,发现冲击地压除具有突发、急剧、猛烈的特点之外,我国冲击地压还具备以下特征值得注意:

(1)从宏观前兆而言,矿井在首发冲击地压前一般可观察到煤炮或板炮现象。在煤矿出现冲击失稳现象后,最初行业内以岩爆、煤炮、冲击地压、冲击矿压等概念来描述这种动力显现过程,其中,煤炮及冲击地压在煤矿使用较为广泛。从显现程度而言,煤炮是冲击地压的一种重要信息,往往煤炮在硬煤、硬岩的地质环境中孕育,煤炮是围岩释放能量的一种途径,这种释放程度较浅时,表现为煤岩体中噼啪的响声和震动,而当煤炮较为严重且在较短时间内集中释放时,则有可能导致采掘空间的煤岩体大范围失稳,即冲击地压。如忻州窑矿首次出现冲击失稳及在此后的回采过程中,多个工作面频繁发生煤炮,表明煤岩体处于高应力和非稳定自卸压状态,煤炮发生时,煤层内发出像爆破似的声响,有时响几声、几十声,其至达百声。而对千秋煤矿的调研表明,轻微的煤炮只有声响,无煤崩出;较严重的煤炮不仅有声响,还可能崩出几十千克到上百吨的煤炭;而更大的煤炮发生时则可能产生巨大震动和冲击波,造成长距离破坏、设备损毁、人员伤亡等。

(2) 从发生的区域而言:① 煤层合并区易发生冲击灾害。如忻州窑矿 11 煤与 12-1 煤存在分叉合并现象,该煤层在井田西部合并为 11 煤,而在井田东部又分为 2 层,间距 10～17 m 不等,在煤层合并线区域,2005 年 4 月 17 日及 2005 年 5 月 19 日曾发生大范围煤岩冲击失稳;千秋煤矿 2-1 煤和 2-3 煤存在煤层合并现象,合并区内的煤层间夹有泥岩,且赋存不稳定、厚度变化大,千秋煤矿在开采合并区煤层时发生多起冲击地压事故。② 孤岛临空巷道端头及超前应力区冲击灾害多发。如三河尖矿 7202、7204 工作面的多次冲击地压事故都发生在超前区域,而三河尖矿 7136 工作面四面均未采空、顶板厚度不大则未见冲击地压的报道。③ 多巷并存及多巷交汇区域是冲击地压高危区域,如三河尖矿 7110、7202 工作面的部分事故地点临近多巷交汇区域。④ 巷道冲击要多于工作面冲击。

(3) 从破坏位置而言,巷道的底板及两帮破坏所占比率更高。从实际统计的情况来看,冲击地压发生后往往伴随有底鼓及片帮,底鼓和片帮造成煤体被抛向巷道并导致巷道的严重变形,而顶板下沉或顶板断裂偶发于严重冲击地压事故或顶板来压期间。整体而言,冲击发生时一般顶板变形不明显,顶板变形明显的冲击事故其冲击位置一般距离工作面较近。在冲击前后顶板的断裂活动相对较少,可能有少量的顶板下沉发生,但顶板下沉发生的次数及强度要明显小于底鼓及片帮。

(4) 从采动影响而言:① 多煤层开采上层遗留煤柱对下部采掘工程的冲击影响,如忻州窑矿 1987 年 2 月 23 日夜班 11 煤掘进至 160 m 时进入上覆 10 煤残余煤柱支承应力影响范围时发生一起冲击地压,造成 250 m 巷道破坏;三河尖矿 7 煤处于 9 煤之上,间距 27 m,在 7 煤开采过程中因煤层变薄等采空区内遗留的煤柱相对较多,造成 9 煤开采过程中经过 7 煤煤柱时冲击危险性增大。② 分层开采与炮采条件下冲击危险性增强,如三河尖矿 7125 综采分层工作面、千秋煤矿 1998 年 9 月 3 日冲击事故主要是由爆破诱发的,但冲击时巷道掘进至距离上分层停采线 2 m 的位置,说明上分层回采对下部巷道的稳定性产生了影响。③ 坚硬顶板的长距离悬顶及顶板来压有可能加剧冲击危险。如三河尖矿 1998 年 12 月 6日冲击事故前夕在超前测点观测到顶板的反弹运动,说明顶板的垮落与断裂与冲击地压的发生存在一定关联性;再如三河尖矿 7204 工作面切眼附近的直接顶(厚度 10.2 m)和基本顶均为厚层中砂岩,该面自 2010 年 2 月 8 日开始回采后采空区厚层坚硬顶板一直处于悬顶状态,3 月 12 日、19 日薄层伪顶和 1 m 厚的破碎直接顶垮落,直至 3 月 29 日凌晨坚硬顶板才开始分段断裂垮落,并造成一定动压显现,此时工作面已推进 51.8～56.4 m;忻州窑矿利用初次来压及周期来压对冲击地压进行预测,结果表明来压期间冲击危险增大。

由于冲击地压的复杂性,当前的技术还不能百分之百地预测并防治冲击地压,以上这些特征也未必在每个矿井的生产实际中都遇到,但上述特征为冲击地压的防治提供了一定借鉴,如冲击地压矿井一般煤炮频繁,利用这一特征,在矿井开采过程中应该充分对煤炮现象予以重视,结合地质赋存条件及其他前兆信息对可能的冲击危险作出研判;再如针对采动影响造成的冲击危险性增高,则应该在矿井开采设计时结合这些诱发因素降低采动影响诱发冲击地压的概率。通过有针对性地采取相应的措施,可以变被动为主动,从而降低冲击地压发生时造成的不必要损失。

2.2 冲击地压矿井煤系地层的介质属性及其空间分布特征

煤系地层在形成过程中经历了不同的地质活动,不同区域含煤地层及顶底板岩石的介质属性也不尽相同,导致不同的地质赋存条件对冲击地压的影响也各不相同。以往的研究往往关注某一特定的地质条件,而缺少不同矿区的横向对比研究,特别是对严重冲击地压矿井地质赋存条件的横向对比评价。本部分通过数据调研和统计分析,初步研究煤系地层地质赋存条件与冲击失稳的关系。本部分主要调研的数据主要来自文献[70-123],实验数据既包含单个试样的单独数据,也包含成组实验所获得的参数范围或平均值,因此,下文在对以上资料调研的基础上,以散点图为基础,通过已有的大量数据统计研究煤系地层的地质赋存条件特征。

2.2.1 冲击危险性煤系地层的厚度特征

图 2-3 所示为典型冲击危险性矿井的地层分布特征图,图中的灰色区域表示对采矿活动有显著影响的坚硬岩层,而纯黑色区域表示煤层。结合调研资料及图 2-3 可知,冲击危险性煤系地层在层厚方面一般具有以下特征:

(1)冲击危险性区域一般处于煤层合并区,在该区域由于不同煤层的合并而使得煤层总厚度相对增大。如忻州窑矿 11-2 煤在矿井东三盘区与 12-1 煤合并,合并后平均煤厚达 6.11 m,在矿区中南部与 11-1 煤合并,合并后煤层厚 4.01 m,在该矿区西北的西二盘区与 12-2 煤合并,合并后煤层厚度平均为 7.5 m。忻州窑矿 8935 面所在的 903 盘区即处于 11 煤与 12-1 煤的合并区,在该面曾发生多起冲击地压事故。三河尖矿主采 7 煤和 9 煤,两者间距约 30 m,但在矿井东翼,两层煤合并为一层,合并层煤厚约 9 m。千秋煤矿主要开采 2-1 煤和 2-3 煤,这两层煤在标高 200～250 m 以下时合并为一层,冲击地压频发的 21141 工作面即处于煤层合并区内,其有益煤层平均厚度达到 21.11 m。

(2)冲击危险性煤层上下或煤层内一般存在弱面地层,比如薄层伪顶或伪底、夹矸等。忻州窑矿西二盘区 8913 工作面煤层上方存在一层厚度为 0.1～0.25 m 的伪顶,该矿 8933 工作面直接顶为水平层理、泥质胶结、厚度为 0～3.26 m 的细砂岩;三河尖矿 7204 工作面是受冲击地压影响较为严重的工作面,该面主要回采 7 煤,煤层中含有一厚度为 0～0.5 m 的夹矸层,而煤层上方还存在一层平均厚度为 1 m 的黏土岩,同样,该矿 9108 面煤层中含有 0～0.9 m 厚的夹矸,存在 0.5 m 厚的粉砂质泥岩伪顶;千秋煤矿 2-1 煤与 2-3 煤层间夹有一层赋存不稳定的薄层泥岩,且合并层含有多层夹矸,其中,21181 工作面煤层夹矸 3～6 层,21141 工作面的夹矸层更是达到 4～7 层,且 21141 面的直接底为强度较低的煤矸互层,煤层与底板之间黏结力较弱,21141 工作面的冲击地压尤为频繁。

(3)冲击危险性煤层及其邻近的弱面地层一般处于砂岩夹持之下,且在煤层上方至少存在一层厚层坚硬砂岩。如忻州窑矿煤层合并区顶板普遍存在 10～25 m 厚的整层砂岩,8935 工作面基本顶的砂质页岩和粗砂岩平均厚度达到 33.63 m,是煤层平均厚度的 4.48 倍以上;三河尖矿 7204 工作面直接顶为平均厚度达 12.97 m 的坚硬中砂岩,是煤层平均厚度的 5.76 倍以上;千秋煤矿 21141 工作面的直接顶为平均厚度达 25.44 m 的泥岩,再上方为平均厚度达 410 m 的巨厚砾岩,直接顶和巨厚砾岩的厚度分别为煤层平均厚度的 2.4 倍和 38.6 倍以上。

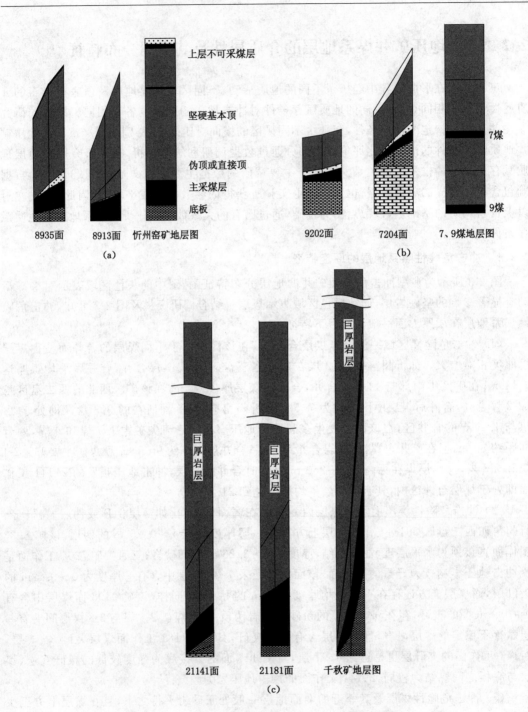

图 2-3 典型冲击危险性矿井的地层分布特征图
(a) 忻州窑矿地层图;(b) 三河尖矿地层图;(c) 千秋煤矿地层图

调研发现,不同冲击地压矿井的煤层厚度并没有规律性的特征,但相对的,一般煤层及顶底板弱面地层上方存在一层整体性较好的厚层坚硬顶板,这层顶板一般以砂岩、砾岩等坚硬岩层为主,对采掘活动有直接影响的坚硬顶板地层的厚度一般在 30 m 左右,一般该地层的厚度是回采煤层厚度的 3 倍以上。除该整体性较好的厚层坚硬顶板外，顶板还可能存在更厚、体量更大的岩层，如千秋煤矿直接顶之上的巨厚坚硬砾岩层，说明完整性较好的厚层顶板地层对煤层开采过程中的冲击事故产生一定影响。

同时发现，调研矿井中普遍存在底板和煤帮破坏的情况，而由于以往的研究对直接底以下底板岩层的关注较少，无法获得更深部地层的详细资料。根据义马千秋煤矿的勘探情况来看，在直接底之下普遍存在致密坚硬的砂砾岩，加之煤层本身的埋深和地层更下方还存在更多更厚的地层，这就使得煤层及其周边相对较为软弱的岩层处于厚层坚硬顶底板的夹持之中，在这一"顶板—煤—底板"组合体中，在采掘活动影响下煤层及其周边的弱面地层更容易发生失稳破坏。

2.2.2　煤层及顶底板的强度特征

煤岩体的强度及其破坏特性一直是采矿与岩石力学领域的研究热点，一般采用单轴压缩、三轴压缩等手段研究岩石的破坏特性。但由于以往学者的研究往往采用数量有限的试样，使得单一研究的结果缺少对比度和可信度，本部分调研了以往研究中的测试数据，通过大量实验结果的对比，分析冲击地压矿井地层的强度特征及其与冲击倾向性的关系。根据统计结果及图 2-4 可知：

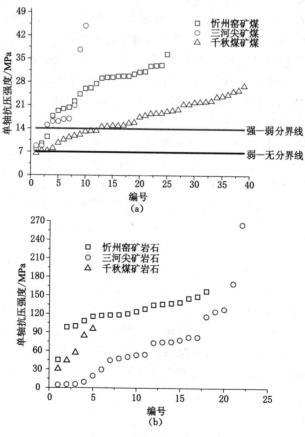

图 2-4　不同矿井地层煤岩的单轴抗压强度

（a）煤样单轴抗压强度；（b）岩样单轴抗压强度

（1）煤岩体均为非均质材料，在实验数量有限的条件下测试结果具有离散性，易造成冲击危险性的误判。统计发现，一般测试煤岩体的力学性质以 3～5 组的试样为主，这就造成实验结果具有很大的离散性，特别是当实验数量较少时，依据实验测定的数据来推断真实地层的特性可能出现误差甚至是错误。一些实验结果表明测试的煤样为弱冲击倾向性或无冲击倾向性，而测试矿井所在的真实地质环境却发生了频繁严重的冲击地压，造成不可挽回的损失。非均质性是天然煤岩体本身所具备的固有属性，但从总体而言，体量庞大的煤岩体又会表现出一定的强度趋势和总体的强度范围，以一定范围内的变化趋势来评价煤岩体的特性更加科学全面，这就需要在大量实验的基础上来消除实验离散性的影响，从而更客观地评价真实地层的特性。

（2）从工程岩体分级角度而言，冲击危险性矿井的煤样一般难以达到坚硬岩石的类别。我国工程界按照岩石的单轴抗压强度和岩石的单轴饱和抗压强度两种指标分别提出了不同的标准以区分岩石的坚硬程度，其中前者需要强度大于 40 MPa 以后才能达到次坚硬的程度，而后者则至少达到 30 MPa 方能达到较坚硬的程度[49]。由图 2-4 可知，统计煤样的单轴抗压强度一般都在 40 MPa 以下，若将煤样进行饱水处理，则其抗压强度将会更低，即饱水状态下的煤系地层很难达到工程坚硬岩石的标准。煤作为一种工程软岩，虽然不同矿井煤的强度具有一定离散性，但总的来看煤样的强度并不能到工程上坚硬岩石的程度。但考虑到煤这种特殊的岩石材料，与其他矿井的煤进行横向对比，冲击地压矿井的煤样单轴抗压强度普遍较高，因此，所谓的坚硬煤层一般是与其他煤层相比，而非与岩石相比。

（3）大量实验表明，冲击危险性矿井的煤层具有强冲击危险性或弱冲击危险性。有学者认为煤的单轴抗压强度在 7～14 MPa 之间时为弱冲击倾向性，大于 14 MPa 时为强冲击倾向性，而小于 7 MPa 时则为无冲击危险。由图 2-4（a）可知，大部分测试煤样的强度在 7 MPa 以上，更多的煤样强度则超过了 14 MPa，说明在大量实验的基础上，能够更客观地反映煤层真实冲击倾向性与冲击地压之间的关系。由于煤样本身的非均匀性，天然煤体必然会表现出与总体趋势不同的特性，这既与天然煤体的赋存有关，还与实验本身的精准度有关。从煤体的天然赋存而言，不同的冲击特性对应着不同的冲击危险程度，这也解释了冲击地压的区域性特点，即部分区域只发生一次冲击地压，而有的区域则可能频繁发生冲击。

（4）岩石的抗压强度普遍高于煤层，且大部分顶底板岩石能接近或达到工程硬岩的标准。由图 2-4 可知，统计的煤样强度一般在 14～30 MPa，而大部分岩石的强度超过 30 MPa，同一矿井岩石的平均抗压强度要比煤层的平均抗压强度高 3.5 倍，说明岩石更为坚硬。根据岩石单轴抗压强度大于 100 MPa 或其单轴饱和抗压强度大于 60 MPa 为坚硬的分类标准，大部分顶底板岩石能接近或达到工程硬岩的标准。由于煤系地层的特殊形成环境及其与煤层较为接近的层位关系，一般煤层周围的岩层坚硬程度并不高，因此很多矿井在回采后顶板能够顺利垮落，从而避免长距离悬顶。而在冲击危险性矿井，直接顶或基本顶的强度一般高于煤层强度，且维持在较高的强度水平，因此易形成长距离悬顶，造成顶板来压活动剧烈。

2.2.3　地应力特征

地应力测量结果一般表征的是矿井的原岩应力状态，对应于煤岩体在既定地质条件下测量阶段的受力状态，一般地应力受构造应力和自重应力影响较大。如果地应力水平较高时，则此时的煤岩体有可能已经超过弹性阶段而接近破坏的临界点，因此，在采动影响下或其他动载扰动下,应力的非线性叠加有可能诱发局部高应力集中和能量的积聚释放,造成冲击地压事故[124-125]。

谢和平等调研了潞安矿区、晋城矿区、山西地区、兖州地区及湖北茅坪等地地应力随深度变化的情况,其中,兖州地区为冲击危险性较高的地区,其他地区目前报道的冲击地压案例较少。根据其统计的地应力数据[126],绘制如图 2-5 所示的不同矿井的地应力分布情况图,图 2-5(a)为不同深度下水平应力与垂直应力比值随测点埋藏深度的变化图,其中,K_1、K_2 分别为最大及最小水平应力与垂直应力的比值。

在不考虑冲击地压的情况下,谢和平等认为在浅部开采时构造应力居于主导地位,随着开采深度的增加,地下工程逐渐进入二向等压的条件,而继续向深部发展时,水平应力与垂直应力逐渐接近,从而使深部煤岩体处于三向等压的力学条件。但如果将冲击地压考虑在内,就会发现兖州矿区与其他矿区地应力场的不同:

(1)兖州矿区最大水平应力始终大于同位置的垂直应力,最小水平应力始终小于同位置的垂直应力;(2)兖州矿区地应力场分布并非简单的线性关系,随着深度的增加最大水平应力呈跳跃式增加或减小;(3)构造应力场在兖州矿区居于主导地位,使得即使进入深部开采后,构造应力场依然发挥重要作用;(4)与其他矿区相比,兖州矿区的地应力场处于较高水平,如潞安矿区在埋深小于 589 m、晋城矿区在埋深小于 505 m、山西地区在埋深小于 510 m 时最大水平应力并未达到 20 MPa,湖北茅坪在埋深小于 670 m 时最大水平应力小于 20 MPa,而兖州矿区在埋深 339 m、496 m 时就已出现最大水平应力超过 20 MPa 的情况,在埋深超过 570 m 后,最大水平应力总体要超过 20 MPa。

图 2-5(c)为调研得到的忻州窑矿及千秋煤矿的地应力随埋深的分布情况,由图可知,忻州窑矿在埋深较浅的情况下就出现了较高的地应力水平,其中埋深在 362 m 时,最大水平主应力已经达到 23.03 MPa,此测点的最大水平主应力是最小水平主应力的 3.5 倍以上,是垂直应力的 1.97 倍;千秋煤矿的测点埋深是忻州窑矿测点埋深的近 2 倍左右,从地应力水平而言,其垂直应力要远大于忻州窑矿的垂直应力,千秋煤矿的最大水平主应力略大于其垂直主应力,但两者远大于其最小水平主应力,说明虽然随着埋深的增加千秋煤矿深部地应力场逐渐接近二向等压受力状态,但由于最大水平主应力与垂直应力的二向等压应力值要高于最小水平主应力,使得深部应力场在垂直方向和水平方向都处于高应力状态,且水平方向存在的应力差有可能导致地下工程的平动失稳。有学者对三河尖矿的地应力场进行了测定,在矿井埋深 725、735、835、1 015 m 位置获得最大主应力分别为 30、20.8、25.3、26.7 MPa,可知三河尖矿地应力水平整体较高,具备深井高应力的地质力学环境,随着埋深的增加,地应力场由构造应力主控逐渐转变为垂直应力主导,实测获得三河尖矿−980 m 水平的平均水平应力与垂直应力的比值为 1.16,这与千秋煤矿深部地应力的分布特征相似,即水平应力略高于垂直应力。

可见,冲击地压矿井的地应力场具备两个特征:(1)冲击地压矿井的地应力水平较高,具备高应力的地质力学环境,不管是埋深较浅的忻州窑矿还是深井三河尖矿抑或是受构造影响的千秋煤矿,三者都存在相对较高的地应力水平;(2)冲击地压矿井的地应力分布要比普通矿井的地应力场更为复杂,地应力分布可能出现跳跃式赋存,构造应力场对地应力的分布有重要影响,即使进入深部二向等压力学状态时,构造应力依然保持高应力状态。同时,在地应力水平相对较高的条件下,受地应力分布复杂影响,地下工程所处的地质环境迟滞进

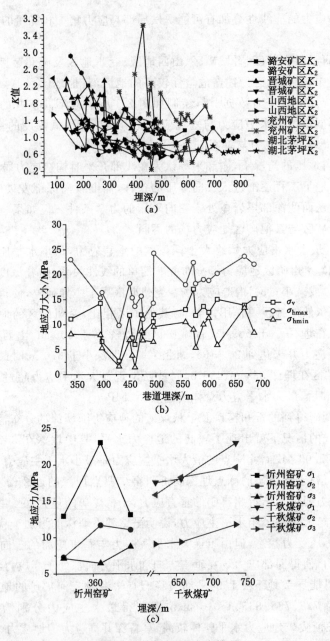

图 2-5　不同矿区地应力情况

（a）不同埋深下水平应力与垂直应力比值变化；（b）兖州矿区地应力水平；（c）忻州窑矿及千秋煤矿地应力分布

入二向等压或三向等压的力学状态,高应力水平下三向不等压状态及不同深度下应力的增加或降低增加了地下工程的不确定性,为冲击地压的发生提供了地质力学条件。因此,地应力水平较高的复杂地应力场对冲击地压的孕育具有重要影响。

2.2.4　冲击倾向性特征

国内外学者对冲击倾向性展开了多方面的研究,从冲击倾向性的机理到冲击倾向性的判定指标等。但对于冲击倾向性的认识,研究人员各有不同的观点。如,有学者认为煤层的冲击倾向性是煤体所具有的积蓄变形能并产生冲击式破坏的性质;也有学者认为,煤岩体的冲击倾向性是煤岩体能聚集弹性应变能并在超过其强度后突然释放出来的各种物理力学性质的总和;亦有学者指出,冲击倾向性是煤岩体的固有属性,是引发煤矿冲击地压的必要条件。目前,我国对煤冲击倾向性评价的主要指标如表 2-2 所示,其中动态破坏时间越小,冲击倾向性越强,而弹性能量指数和冲击能量指数越高,则冲击倾向性越强;对岩石的冲击倾向性评价主要以岩样的单轴抗压强度、抗拉强度、弯曲能量指数等为主[127]。调查发现,对煤样的测试数量要高于对岩样的测试数量,说明现有的研究对围岩的重视还不够。因此,下文以煤样的冲击倾向指标为例,探讨冲击倾向性与冲击地压的联系。

表 2-2 煤的冲击倾向性类别判定

指标	Ⅰ类	Ⅱ类	Ⅲ类	隶属度
动态破坏时间/ms	$t_d > 500$	$50 < t_d \leqslant 500$	$t_d \leqslant 50$	0.3
弹性能量指数	$W_{et} < 2$	$2 \leqslant W_{et} < 5$	$W_{et} \geqslant 5$	0.2
冲击能量指数	$K_e < 1.5$	$1.5 \leqslant K_e < 5$	$K_e \geqslant 5$	0.2
单轴抗压强度/MPa	$\sigma_c < 7$	$7 \leqslant \sigma_c < 14$	$\sigma_c \geqslant 14$	0.3
判定结果	无	弱	强	

图 2-6 统计了三个矿井多次试验获得的煤样的冲击倾向性指标,由实测数据可知:

(1) 实测的冲击倾向性指标存在离散性,测试结果包含强、弱、无三种冲击倾向性,而这与三个矿井均为强冲击地压影响的事实不符;(2) 就动态破坏时间而言,无冲击的结果相对较少,测试结果以弱冲击居多,强冲击次之;(3) 从弹性能量指数而言,强冲击的结果要少于弱冲击结果,无冲击的结果最少;(4) 从冲击能量指数而言,忻州窑矿的测试结果显示较多的煤样具有强冲击倾向性,而其他两矿则以弱冲击为主;(5) 综合三项测试指标可知,在大量冲击倾向性鉴定的基础上,煤样依然主要表现出弱冲击倾向性的特性,其次为强冲击,所占比率最少的是无冲击,说明现有的评价结论对强弱冲击这一评价界限区分的还不够,或者认为现有的划分标准尚不能客观地反映出煤岩体发生冲击地压的潜在危险性。

从本章前述测定的煤的单轴抗压强度与冲击倾向性评价来看,依然存在这样的问题。从总的评价指标来看,具有弱冲击倾向性的煤层具有频繁发生冲击地压的可能,因此,在评价冲击危险性时,在综合考虑其他指标的基础上应提高弱冲击倾向性所占的评价比重。但实际上,如果简单地从数值分区上划分冲击倾向性,虽然简单易行,但并不能客观地反映煤矿实际的冲击危险性,如很多煤质较硬的矿井煤层的单轴抗压强度虽然达到强冲击的条件,但矿井在实际开采过程中并没有发生冲击地压。这也说明,虽然冲击倾向性指标对冲击危险性的判定有重要借鉴意义,但单独采用上述冲击倾向性评价因素来判定矿井的冲击危险性并不全面。有冲击倾向性的煤层具备发生冲击地压的潜质,但并不代表符合冲击倾向性判定结果的矿井就一定发生冲击地压。

2.2.5 地层倾角特征

根据调研情况可知:

(1) 忻州窑矿 8913 工作面位于西二盘区 11 煤,煤厚 5.6～9.4 m,平均 7.2 m,煤层倾角 1°～10°,平均 4°;8916 工作面煤厚 8.3 m,倾角 1°～6°;8935 工作面平均煤厚 7 m,倾角

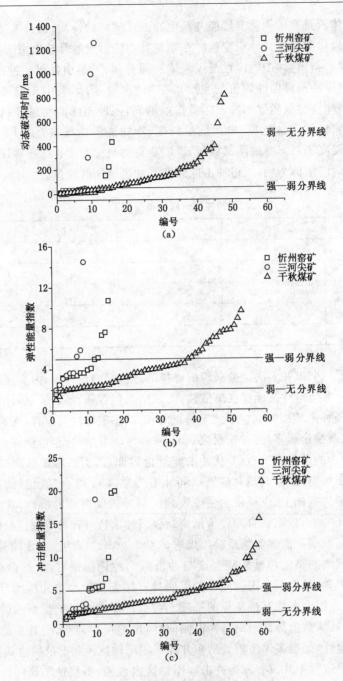

图 2-6 不同矿井冲击倾向性试验结果

(a) 动态破坏时间；(b) 弹性能量指数；(c) 冲击能量指数

2°～3°。(2) 三河尖矿 7110 工作面煤层倾角 20°～31°，平均 23°；7204 工作面煤层倾角19°～38°，平均 29°；9108 工作面煤层倾角 8°～25°，平均 18°；9112 工作面开采初期煤层倾角为 28°，采面倾角 11°～28°；9202 工作面位于西二采区，平均煤厚 2.2 m，采面倾角 11°～28°，平均为 22°；东翼煤柱区域回采的为 7 煤，9 煤合并带，煤厚达 9 m 左右，煤层倾角 5°～16°。(3) 千秋煤矿 2-1 煤的煤层倾角为 3°～13°；合并区 2 煤的煤层倾角为 12°～13°；21141 工作

面煤层倾角为 $12°\sim14°$;21112 工作面煤层倾角为 $12°\sim14°$;21172 工作面及 21181 工作面煤层倾角平均为 $12°$。

可知,忻州窑矿的煤层以近水平(煤层倾角小于 $8°$)煤层为主,局部为缓倾斜煤层(煤层倾角为 $8°\sim25°$);三河尖矿煤层以缓倾斜、倾斜(煤层倾角为 $25°\sim45°$)煤层为主,局部煤层接近急倾斜程度(煤层倾角大于 $45°$);千秋煤矿以缓倾斜煤层为主。三个矿井都是冲击地压频发的矿井,而三个矿井的煤层倾角并不相同,说明不同地层倾角条件下都可能发生冲击地压,地层倾角增大可能引起冲击危险性增强,但并不意味着地层为近水平煤层时冲击危险性就降低。因此,使用地层倾角评价冲击危险性时,需要结合其他条件进行综合分析。

2.2.6 开采深度对冲击地压的影响

有学者提出冲击地压发生的临界深度概念,认为在一定采深条件下,冲击地压虽然也可能偶发,但并不频繁,当超过这一深度后,冲击地压表现为频繁发生,这一深度即为冲击地压的临界深度。一些统计数据支持了这一论述,但应该注意到:

(1) 不同矿井的临界采深并不相同,甚至会存在很大差距。如忻州窑矿发生冲击地压的初始深度为 200 m,千秋煤矿首次发生冲击地压的深度为 449 m,三河尖矿发生冲击地压的初始深度为 586 m,张小楼井发生冲击地压的临界深度为 1 025 m,临界深度在不同矿井变化较大。

(2) 邻近地区的临界深度并不能简单类比。如开滦集团唐山矿的临界深度为 540 m,而同地区的赵各庄矿的临界深度则为 876 m,两者差异较大;又如北京地区的门头沟矿区发生冲击地压的临界深度仅为 200 m,而同为北京地区的房山矿的临界深度则为 520 m。

(3) 首发冲击地压深度并不等同于临界深度。一些矿井在开采过程中可能存在对矿井动力灾害重视程度不够的情况,加之冲击地压显现的程度并不相同,造成一些轻微的冲击事故并没有被归为冲击地压事故,从而造成对临界深度的误判。同时,由于开采活动受矿井早期规划影响,在开采过程中要经过不同采深的区域,这时有可能首发冲击地压的深度要小于后来经过的煤层埋深,如三河尖矿 1991 年 9 月在 7110 材料道发生冲击地压事故,当时巷道埋深 609.2 m,此后的回采过程中相继发生了其他冲击地压事故,煤层埋深既有增大,又有减小,如 1993 年 5~6 月发生在 7125 材料道或运输道的冲击地压事故,煤层埋深在 600 m以下,这一深度要低于早期的冲击地压发生深度。因此,冲击地压首发深度并不等同于冲击地压发生的临界深度。

(4) 超过临界深度后高应力状态并非简单的线性增加关系。一些研究人员将深部开采的高应力特别是垂直应力直接归因于采深的增加,认为垂直应力随着开采深度的增加而线性增加,从而造成深部开采煤岩体的高应力状态。而事实上,由于地层的复杂赋存情况,地应力场随着采深的增加并非简单的线性增加。采深增加可能导致高应力场的存在,但反之存在高应力场时则不一定对应着采深增加。根据冲击地压的概念,认为冲击地压是高应力作用下煤岩体在短时间内将大量能量释放的一个动力过程,可知高应力并非仅包括垂直应力,同时还应包括构造应力、采动应力等。采深是孕育高地应力场的有利条件,但并不是孕育高应力场的先决条件,在应力场可测的情况下,采用实测应力场来评价高应力状态要比采用采深来评价高应力冲击危险更加科学。

亦有学者对深部开采的"深部"的定量描述展开了研究,针对我国的煤矿开采,有学者认为采深超过 800 m 后进入深部开采,也有学者将 600~800 m 采深定性为深部上限,800~

1 200 m 及大于 1 200 m 为深井亚类,并将深度大于 1 200 m 划分为超深矿井[128]。谢和平等研究认为,深部开采中所谓的"深部"并不是一个简单的开采深度,深部的界定其实质是力学问题,应由应力状态、应力水平和煤岩体性质来综合确定[126]。从这个意义而言,开采深度影响应力水平,而采掘活动则影响应力状态,从而造成煤岩体性质的转变和动力灾害的形成。因此,如果临界深度没有与高应力水平和高应力状态形成有效对应,其指标判定价值将大大降低。

在临界深度的应用方面,可结合具体的采掘活动和煤岩体活动展开。在冲击危险性评价方面,对于开采深度较浅的矿井,当采掘过程中出现煤炮等动力灾害时,应引起足够重视并进一步关注煤岩体的应力水平和应力状态,考察煤岩体是否进入其力学意义上的深部特性,即是否处于二向等压或三向等压的力学状态,由弹性极限破坏转变为塑性流变;对于开采深度较大的矿井,更应关注煤岩体的应力状态和应力水平。

2.2.7 地质构造特征

地质构造一般是指岩石变形或变位的产物,一般认为对煤矿开采有显著影响的地质构造是规模较大的构造体,如褶皱、断层等。图 2-7 所示为研究人员对褶皱不同部分的受力分析示意图,据研究,向斜、背斜内弧的波谷和波峰部位呈现水平压应力集中,向斜、背斜外弧的波谷和波峰部位呈现拉应力集中,翼部呈现压应力集中[129-131]。由于褶皱受水平挤压而形成且存在强剪应力的条件,使得褶皱地层易形成高应力集中并发生剪切破坏,从而形成冲击地压。而不同的断层类型对冲击地压的影响则存在差异,研究认为,逆断层条件下更加有利于冲击地压的形成,而在正断层条件下,当工作面接近正断层时才有可能发生冲击失稳。

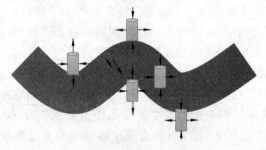

图 2-7 褶皱不同部分的受力分析

调查显示,忻州窑矿受侏罗纪到新近纪的强烈造山运动影响形成了矿井内的主向斜,在主向斜两翼岩层以平缓的低序次褶曲呈波状分布,褶曲两翼倾角一般为 3°以下,局部可达 8°左右。此外,在主向斜轴两侧还存在一系列正断层,断层数量虽多,但一般以小断层为主。三河尖矿井内以南缓北峭的龙固背斜为主,该背斜被 F₂ 逆断层破坏,矿区地层内断层密布、构造复杂,大倾角区域主要位于龙固背斜北翼的西二采区,该矿已有的冲击地压事故表明背斜两翼是易受到冲击的区域。千秋煤矿的基本构造形态为单斜构造,该单斜构造属于义马向斜的北翼,地层产状整体较为平缓,但千秋煤矿井田内的断裂构造较为发育,在井田内存在近东西向压扭性断裂和北东—北东向张扭性断裂这两组主要断裂构造,其中,区域性的断裂构造 F₁₆ 逆冲断层在义马矿区长度达 44 km,对千秋煤矿的冲击地压有显著影响。

从构造分区来看,早期的冲击地压事故一般发生在西翼采区较多,如忻州窑矿、三河尖矿,但随着开采的进行以及采煤工艺的革新,在构造两翼都出现了冲击地压,且发生频率有增大趋势。可能的原因是：一方面，早期的采煤工艺以炮采为主，采煤爆破有诱发冲击地压的可能；另一方面，西翼可能是井田早期开采强度较大的区域，因此早期的冲击地压在西翼发生较多。

与地层倾角相比，地质构造对冲击地压的形成影响更大。地质构造的影响不仅出现在冲击地压矿井，在非冲击地压矿井，在地质构造区域也容易遇到技术问题。由于地质构造本身是地质运动的一个结果，其中包含着地质运动过程中的应力集中、能量存储、地层形变等，因此其潜在的未知性和突变性更强。因此，在地质构造复杂的矿井，应对地质构造的影响展开科学评价。

2.2.8 地震带对冲击地压的影响

地震带一般是指地震活动较为集中的地带，在地震带及其周边范围已发生一定数量的地震，未来仍可能继续发生地震。地震带一般处于地质板块的交界处，构造活动频繁，因此地震带及地震烈度分布在一定程度上反映了地质构造运动的活跃程度。由于一般构造引发的地震位于地下深度为 5~30 km 的地层中，这一深度要远大于我国现有的煤矿开采深度，使得煤矿开采过程中对距离开采煤层较近的地质构造有较为详细的认识，而忽略了更深部的区域构造活动对安全开采的影响。同时，与冲击地压关系紧密的矿震与天然地震之间存在一定关联性，天然地震可能诱发矿震，甚至诱发冲击地压，需要从更广阔的视角审视区域构造与冲击地压的关系，而地震带分布恰好在一定程度上反映了地层的区域构造活动。

根据我国地震带及地震烈度分布图可知[132-133]，我国境内的强地震与我国的地震带分布有较强的相关性，特别是在北纬 33°~42°、东经 100°~125°之间，这一区域也是冲击地压高发的区域，说明冲击地压有可能受到区域构造的影响。此外注意到，我国南部地区地震带分布相对较少，而这一区域的冲击地压事故报道也非常少，反面证明了地震带分布与冲击地压具有一定相关性。

根据我国地震带及地震烈度分布图还可以看出，我国的冲击地压矿井大部分处于华北地震带之上，且一般处于单发式地震带上，这一区域的特点以一次 8 级以上强震及若干次中小型地震释放能量，在一次强震之后，地质环境依然处于中小型地震的活跃状态。且冲击地压频繁发生的矿井一般位于不同地震带的交汇区域，如忻州窑矿处于晋中与燕山带交汇的区域，三河尖矿所处的位置为郯城—庐江带与海河平原带之间的黄河下游带，义马千秋煤矿处于海河平原带、晋中带与渭河平原带三带相交汇的区域。

地震带所在区域一般构造活动频繁，而构造的存在改变了井下原本简单的原岩应力条件使之复杂化，构造活动与采动影响的耦合则可能诱导地下应力场的突变，且在构造带周围高发的震动活动有可能成为煤矿井下冲击地压的诱发源，使得处于地震带附近矿井冲击地压的预测和防治更加困难。不同地区冲击地压的偶发和频发特征，可能与区域地质条件赋存、区域地质活动等相关，而对于处于地震带特别是不同地震带交汇区域的矿井，其构造活动可能不仅局限于矿井开采范围以内，这一区域的地应力场极有可能受到地质构造的较大影响，增加区域内矿井的冲击危险性。

2.2.9 瓦斯及气流特征

瓦斯属于气体的一种，由于瓦斯易发生爆炸并造成重大灾害的特殊性，煤矿井下对瓦斯的关注度要高于其他气体。同时注意到，由于煤矿井下存在流动风流，在采煤工作面，冲击地压发生后如果巷道并非处于完全封闭状态,有可能存在瓦斯随着风流的外排现象,这就导致工程现场对气体影响的误判。即使巷道被完全封闭,在救援的过程中也要重新贯通或对巷道进行局部通风,造成冲击地压发生后瓦斯浓度的测定与其在冲击过程中的真实释放情况存在差距,特别是冲击地压是一种动力灾害,从动力显现到救援和现场勘测的时间内已经发生能量的急剧释放,造成对气体动力学特征的评价不足。

从瓦斯的原生赋存而言,忻州窑矿一直为高瓦斯矿井,瓦斯含量随煤层埋深加大而递增的规律不甚明显,但在构造区域可能出现瓦斯富集情况,全矿井的瓦斯相对涌出量一般超过 10 m³/t,绝对涌出量大于 30 m³/min,且矿井发生过数次瓦斯爆炸事故,造成多人伤亡;三河尖矿为低瓦斯矿井,但井田内局部地段有可能出现瓦斯富集;千秋煤矿原为低瓦斯矿井,随着开采向深部进行,在采掘过程中易遭遇高瓦斯的情况,因此,21采区已按照高瓦斯矿井的标准进行管理,如 21141 工作面回采期间瓦斯绝对涌出量可达 10~23 m³/min,需采取有针对性的措施以避免发生瓦斯事故。

从冲击地压发生后瓦斯及气流的变化特征而言,一般冲击地压过程中能感觉到煤岩体的震动,在爆破后出现的冲击地压事故中还可能出现强烈的冲击波。忻州窑矿及三河尖矿对瓦斯及气流的文献记载较少,但调查显示义马千秋矿 1998 年 9 月 3 日冲击事故后瓦斯和 CO_2 含量分别达到 8.5% 及 6% 以上,千秋矿 21141 工作面爆破后巷道风流中瓦斯浓度要高于正常风流中的瓦斯浓度,这说明在冲击地压过程中有可能伴随着气体的运动。

瓦斯作为易诱发灾害的气体而被关注,而冲击地压过程中的气流变化则较少有学者关注。但事实上,冲击地压作为一种动力灾害,在灾变过程中包含固体煤岩体的变形和气体的运移。可以初步认为,虽然不确定原生瓦斯赋存情况是否与冲击地压相关,但冲击地压过程中必然有气流的参与。因此,瓦斯及气流也许并不是冲击地压孕育的重要因素,但却有可能成为评价冲击灾变程度甚至是灾变预警的重要指标。

2.2.10 水文条件对冲击地压的影响

矿井水文地质评价一般建立在矿井水害评价的基础上,一般矿井对地下含水层及矿井突水等考察较多,除在水体下采煤需要着重考虑地表水体对开采的影响外,一般对地表水体的研究相对较少,水文条件与冲击地压间的关系在国内更是近乎无人研究。一方面,突水与冲击地压同时发生的事故未见报道,没有直接的事故案例可以证明两者之间的联系;另一方面,由于矿井水害与冲击地压都为井下灾害,在治理时往往以各个击破为主,采用技术手段综合治理矿井水害和冲击地压的研究还未见报道。本书之所以提及水文条件对冲击地压的影响,是因为在对全国冲击地压调研的过程中发现,冲击地压矿井的位置一般距离地表水体的位置较近,而有研究表明部分地表水体与天然地震间存在一定联系,地震与矿震、冲击地压间又可建立联系,从而初步提出了水文条件对冲击地压的影响。从地表水体的赋存来看,水文条件可以分为以下两种:

(1) 水库库存积水。水库蓄水与排水过程伴随着不同水量的变化,并进一步对地下构造体产生影响。截至 21 世纪初,全球就有超过 90 处地点被证明地震与人工蓄水存在关系,而关于地震与水库的争论也持续了 60 多年,国内外学者从不同角度对水库与地震的关系展开研究并取得了一定成果[134-139]。但如冲击地压的研究进展一样,由于地震机理的复杂性,虽然有多种理论提出,但至今仍没有一种被广泛认可的理论可以直接解释水库蓄水诱发地震的机理,不过仍有大量研究人员确信水库蓄水会增加地震的危险性。从地震到矿震,以及该过程中伴随的地质体变化,都有可能增加冲击危险性。

(2)湖泊、河流等天然水体。天然湖泊和河流与水库的作用类似,虽然其充放水的频率要低于水库,但作为赋存于地表较为显著的地质体,随着雨季和旱季的交替、季节的变化也会导致天然水体的周期变化,由此对周围环境产生一定影响。

调研中也发现,全国多个冲击地压矿井处于水库或湖泊、河流附近。如:山东及徐州北部的冲击地压矿井多分布在微山湖周边,微山湖是我国北方最大的淡水湖,水深域广,1960年在湖腰设置拦湖大坝,使之具备一定调蓄能力;山东新泰市内的协庄煤矿、良庄煤矿、孙村煤矿、张庄煤矿虽然远离微山湖,但其周边10 km存在光明水库、东周水库、金斗水库,而且这4个矿井均处于柴汶河周边;山东新汶华丰煤矿也是受冲击地压影响较为严重的矿井,其矿井10 km范围内有红旗水库、贤村水库及柴汶河,距离大汶河的垂直距离也在10 km左右;义马矿区的冲击地压矿井周围有小型河流,这些矿井北部为黄河,矿井的西部、东部的黄河上分别建设有三门峡水库和小浪底水库;河南平煤集团十矿、十一矿、十二矿距离其西部的白龟山水库距离也较近;大同矿区的冲击地压矿井周围虽然没有大型水库,但矿井一般分布在天然河流附近,而且值得注意的是,忻州窑矿历史上曾发生过淹井事故,同煤集团煤峪口等14个矿井受不同程度水害影响。

需要说明的是,由于一些水库的建设时间无法确认,且水库蓄水诱发地震的机理目前也没有完全理清,本书仅就调研中发现的事实予以说明。上述地表水体可能对地质构造产生影响,而构造运动又会影响到地应力场的重新分布,剧烈的构造活动也会引发地层的连锁反应,并诱发地层的宏观形变。需要说明的是,人类在选择住所及进行生产建设时一般选择在用水便利的地点,在天然河流附近进行生产或人工建设水库本身也是为了生活方便,地表天然水体大量存在于矿井周围,但并不是所有的水库或河流都会导致地震乃至诱发冲击地压。对于冲击地压矿井,地表水体以及地下水体可能对冲击地压的孕育产生一定影响,但并不意味着存在大型水体时就一定会发生冲击地压,从这个意义而言,水文条件属于诱发因素,而并不是直接原因。限于调研的资料及当前水库诱发地震的研究现状,本书仅初步讨论了水体对冲击地压的诱发作用,以丰富地质赋存条件与冲击地压相关性的研究,而关于水文条件与冲击地压的定量化表述,还有待于后来者深入研究。

2.3　讨论:地质赋存条件对冲击地压的影响

从以上分析可以看出,在地质赋存因素中,厚层坚硬煤系地层、地质构造及高地应力环境对冲击地压的形成具有重要影响,属于主要影响因素;而地层倾角、开采深度、瓦斯及气流、水文条件等对冲击地压的孕育产生一定影响,属于亚影响因素。在主要影响因素中,一些地质构造的存在有利于形成原始高地应力环境,从而加剧冲击地压的发生;而亚因素在促进产生冲击地压的过程中,其最终结果也是形成高应力环境。而高应力环境又需要一定的物质媒介来存储和保存,因此,在各种地质影响因素中,厚层坚硬地层居于核心地位,结合图2-8予以解释:

(1)厚层地层的开采难度较大。对于厚层煤层而言,当采高较大时,有时会采用分层开采,这就不可避免地造成煤层完整性的破坏,而在煤层的分层及合并区,也难以采用统一的设备进行连续回采,煤层变厚会增加开采难度;对于煤层上下的顶底板岩层而言,其厚度过

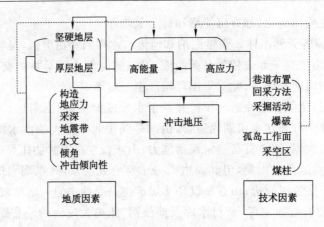

图 2-8　地质赋存条件和采动影响与冲击地压的关系

大同样会增加开采难度,如当顶板为整层厚层顶板时,随着回采后采空区范围的扩大,厚层顶板的自重应力要大于薄层顶板,同等悬顶距或垮落距离下,厚层顶板在来压时往往表现得更为强烈。开采难度增加后,会因地质因素的改变而导致开采技术的相应调整,从而使得地质因素与开采技术条件耦合,不利于冲击地压的防治。

（2）坚硬地层为冲击地压的高应力环境提供了物质基础。一般认为冲击地压是高应力影响下煤岩体积聚能量的突然释放过程,而坚硬地层为高应力的形成提供了基础。当地层为坚硬地层时,其抵抗外力破坏的能力更强,从而提供一个相对完整的高应力孕育环境。同等受力条件下,软弱地层可能已经发生失稳破坏,能量在软弱地层中不易存储,而在坚硬地层条件下,不仅坚硬地层可能继续保持其完整性,而且完整性较好的坚硬地层具备能量的储能条件。如构造、地震带、水文条件、气流等可能导致高地应力状态,而高地应力状态的维持则需要有坚硬地层作为物质媒介,在采动条件下,如没有坚硬地层这一介质,则高应力状态下的应力波很可能会向地下空场空间释放并导致能量的耗散,从而削弱高应力状态的累积和形成。在煤系地层中,一般煤体的坚硬程度要低于顶底板,使得煤体处于坚硬顶底板的夹持之下,特别是坚硬顶板,其在悬空后受自重影响对煤体施加影响,加之井下工作面采掘工程一般位于煤层之中,使得煤层成为冲击能量释放的首选通道。

因此,从高应力集中和高能量存储的角度而言,可以认为厚层坚硬地层对冲击地压的孕育形成具有基础作用。而对于煤系地层而言,与煤炭开采直接相关的有顶板、煤层、底板这三种空间地层,其中顶板又包含直接顶、基本顶,煤层在以煤为主的基础上还可能含有夹矸或软弱地层,底板一般包含直接底和老底。由于工程现场煤炭采空后顶板运动对后续开采产生重要影响,而底板的影响一般表现为底鼓,工程中对深部底板的勘探一般也相对较少,底板活动虽然也对矿井生产产生一定影响,但其危险性要低于顶板灾害,因此,在后文的研究中,首先考虑顶板、煤层、底板三者之间的破坏特性,然后重点对厚层坚硬顶板的运动展开研究。结合工程背景,探讨厚层坚硬煤系地层冲击地压的机理及防治技术。

3　坚硬组合煤岩破坏特性研究

组合煤岩的破坏特性曾引起过国内外学者的关注,但以往的实验测试中组合煤岩的组合比例受试件加工及实验条件等影响,一般组合比例以 1∶1 或 2∶1 居多,较少考虑真实地层中顶板、煤层、底板三者之间的厚度比例关系。在坚硬地层条件下,顶板、煤层、底板这一三元系统中一般顶板厚度占有较大比例,且顶板要比煤层及底板更为坚硬。本章在前人研究的基础上,考虑力学实验中难以加工厚度较薄的煤样及难以监测组合体中薄层煤样的破坏特征等,采用数值模拟方法对不同组合比例及不同加载条件下的组合体破坏特性展开研究,依据真实地层厚度及特性建立的模型能更好地反映煤岩组合体的实际破坏特征。

3.1　RFPA中参数敏感性分析及参数确定

RFPA(Realistic Failure Process Analysis)是由唐春安教授等基于有限元理论建立的数值模拟分析方法,该方法考虑了岩石破坏中非线性、非均匀性和各向异性等特点,从而可以更直观地展现岩石材料的破坏过程[140]。但由于数值模拟软件中使用的参数与天然岩石的实测参数并非一一对应关系,因此有必要对模拟中输入参数的敏感性展开研究。本部分以忻州窑矿煤岩单体的力学实验数据为基础,通过在 RFPA 软件中弱化或强化不同输入参数,研究不同输入参数对输出结果的敏感程度,并在此基础上确定适用于坚硬煤岩组合的输入数据,为后续坚硬煤岩组合体参数的选取奠定基础。

3.1.1　忻州窑矿煤体强度的测定

为获得忻州窑矿煤体的准确参数,采用单轴抗压实验、巴西劈裂等方法获得了煤样的力学参数[141]。表 3-1 所示为实验测定的忻州窑矿煤样的单轴抗压数据。根据实测数据可知,忻州窑矿煤的抗压强度较大,在煤这种特殊的岩石材料中达到坚硬程度。

表 3-1　　　　　　　　　　忻州窑矿煤的单轴抗压测试数据

编号	直径 D/mm	高度 H/mm	峰值应力/MPa	弹性模量 E/GPa	泊松比
1	50.16	101.5	24.67	2.12	0.221
2	50.18	100.91	31.46	2.31	0.265
3	50.17	100.17	26.75	2.29	0.241
4	50.18	100.12	27.69	2.42	0.245
平均	50.17	100.68	27.64	2.29	0.243

如图 3-1 所示为单轴实验后煤样的破坏形态。根据实测可知,忻州窑矿的煤体强度整体较硬,且测试试样的强度变化幅度不大,但煤的破坏形态具有较大离散性,在 4 个试样的测试中,出现了单斜面剪切破坏、圆锥形破坏、柱状劈裂破坏等破坏形态。一般认为,剪切破坏形态的出现是由于材料破坏面上的剪应力超过材料本身的极限强度所引起的;而柱状劈裂破坏一般是泊松效应的结果,材料在轴向压力下横向拉应力导致材料的柱状劈裂。也有分析认为,实验机与端面摩擦力增大会造成圆锥形破坏形态的出现,而有效降低实验机与材料间摩擦力后,材料的破坏则会表现为柱状劈裂破坏,持这种观点的学者认为柱状劈裂破坏能够表征材料在单轴压缩应力下自身的破坏特性[142]。从本组实验而言,采用相同的实验机和加载条件,但煤样的破坏形态却出现较大差异,说明煤这种天然材料本身具有较大离散性和随机性,其破坏形态不仅取决于实验机与材料端面的摩擦力,还与材料本身的非均匀性有关。在数值模拟中建立煤岩材料的分析模型,就要在考虑其总体强度趋势的前提下结合实测参数进行取值,单纯将煤岩的实验参数应用到数值模拟程序中,不仅可能得不到与实际相符的结果,还可能产生错误的结论。

图 3-1　忻州窑矿煤样的破坏形态

3.1.2　RFPA 中输入参数的敏感性分析

3.1.2.1　正交试验方案

将力学实验测定的忻州窑矿煤岩参数直接应用到 RFPA 中发现,输出强度与实测结果存在较大出入。可见,在 RFPA 中考虑材料的非均匀性时,实测参数与输出结果并非一一对应关系。有学者研究了 RFPA 中均质度与输入、输出强度及弹性模量的关系(如图 3-2 所示,图中 E'、f' 分别为弹性模量、强度的输入与输出比,其中输入参数为符合 Weibull 分布的均值)[143],但从图 3-2 可知,均质度维持在较低水平时,均质度对弹性模量的影响要大于其对强度的影响,均质度保持在 50 以下时,弹性模量与强度的输出结果总体上小于输入值。在均质度为 1.5、3 的条件下进一步将力学实验测得的参数直接应用到 RFPA 模拟中发现,将实测数据作为输入参数后所获得的输出强度明显低于输入值。而当均质度设置较高时,不仅模型不容易破坏,而且其离散性分布受到显著影响。此外,图 3-2 所示的公式只研究了均质度与强度、弹性模量的关系,而没有进一步考察 RFPA 中其他参数的敏感性。

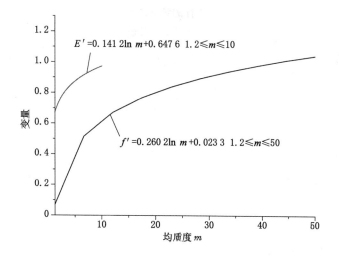

图 3-2　RFPA 中均质度与输入输出参数的关系

　　为确定合理的模拟参数,以实验数据为基础,结合 RFPA 软件的参数特点将不同参数进行弱化和强化处理,采用正交试验法建立 L25(5⁶)的正交试验方案,该方案设置 6 个影响因素,每个因素有 5 个影响水平,共 25 次模拟试验。

　　表 3-2 为煤样的正交试验表,其中,表 3-2(a)为正交试验的分组水平情况,表 3-2(b)为具体的正交试验表。

　　数值模拟中,建立 50 mm×100 mm 的二维模型,单轴抗压模拟中采用标准模式进行位移加载,在模型顶部施加的位移大小为 2e－006 mm/step。模拟过程中发现,大部分模型能够在 500 步以内破坏,而少量模型即使将加载步调整到 1 000 步仍无法破坏,且此时模型已经发生严重畸变,因此,对于这类难于破坏的模型将加载速率调整为 8e－006 mm/step、10e－006 mm/step 并获得其破坏强度。此时,由于加载速率的增加导致加载步减少,在正交试验运算时步的结果分析时将时步相应增加数倍,以便与 2e－006 mm/step 的加载条件形成对比。

表 3-2　　　　　　　　　　　　　　**煤样的正交试验**

(a) 正交试验的分组水平

组别	内摩擦角/(°)	单轴抗压强度/MPa	压拉比	弹性模量/GPa	泊松比	均质度
弱化组 1	25	15	10	0.5	0.15	1
弱化组 2	30	35	15	1	0.20	1.5
初始组	33.8	27.64	22.47	2.29	0.243	3
强化组 1	36	45	27	2.5	0.30	10
强化组 2	40	55	32	3	0.35	25

表 3-2   煤样的正交试验
                            (b) 正交试验表

编号	内摩擦角/(°)	单轴抗压强度/MPa	压拉比	弹性模量/GPa	泊松比	均质度
1	25	15	10	0.5	0.15	1
2	25	27.64	15	1	0.20	1.5
3	25	35	22.47	2.29	0.243	3
4	25	45	27	2.5	0.30	10
5	25	55	32	3	0.35	25
6	30	15	15	2.29	0.30	25
7	30	27.64	22.47	2.5	0.35	1
8	30	35	27	3	0.15	1.5
9	30	45	32	0.5	0.20	3
10	30	55	10	1	0.243	10
11	33.8	15	22.47	3	0.20	10
12	33.8	27.64	27	1	0.243	25
13	33.8	35	32	1	0.30	1
14	33.8	45	10	2.29	0.35	1.5
15	33.8	55	15	2.5	0.15	3
16	36	15	27	1	0.35	3
17	36	27.64	32	2.29	0.15	10
18	36	35	10	2.5	0.20	25
19	36	45	15	3	0.243	1
20	36	55	22.47	0.5	0.30	1.5
21	40	15	32	2.5	0.243	1.5
22	40	27.64	10	3	0.30	3
23	40	35	15	0.5	0.35	10
24	40	45	22.47	1	0.15	25
25	40	55	27	2.29	0.20	1

3.1.2.2 正交试验结果分析

图 3-3 所示为正交试验获得的应力—应变曲线,图 3-4 所示为各组模拟获得的峰值强度及达到峰值强度所需加载步的汇总图。

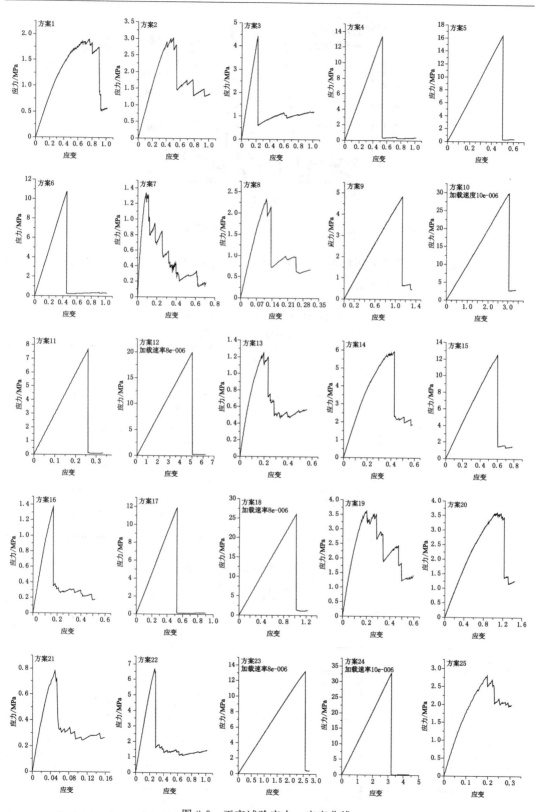

图 3-3　正交试验应力—应变曲线

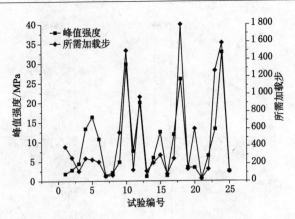

图 3-4　正交试验获得的峰值强度及达到峰值强度所需加载步

对正交试验结果可以采用极差分析或方差分析,采用 MATLAB 软件对试验结果进行处理[144],其结果如表 3-3 所示。

表 3-3　　　　　　　　正交试验结果的极差分析及方差分析

(a) 输出强度极差分析表

	38.812 7	22.312 6	70.131 6	23.398 5	61.249 8	10.386 1
	48.889 4	42.537 2	42.836 2	88.132 9	43.933	15.047 1
T 值	47.385 7	47.080 9	49.738 2	35.535 6	58.553 7	29.681 5
	46.228 1	60.527 8	39.449 3	53.958 9	35.196 9	76.041 5
	55.868 64	64.726 06	35.029 23	36.158 67	38.251 6	106.028 4
优水平	5	5	1	2	1	5
极差 R 值	17.055 9	42.413 4	35.102 4	64.734 4	26.052 9	95.642 2
主次顺序	F	D	B	C	E	A

表 3-3　　　　　　　　正交试验结果的极差分析及方差分析

(b) 输出强度方差分析表

方差来源	平方和	自由度	均方差	F 值	F_α	显著性
因素 1	29.808 9	4	7.452 2	1		
因素 2	225.129 7	4	56.282 4	7.552 4		显著
因素 3	151.852 7	4	39.963 2	5.094 2	6.388 2;	
因素 4	509.076 9	4	127.269 2	17.078	15.977	高度显著
因素 5	112.170 1	4	28.042 5	3.763		
因素 6	1 397.658 7	4	349.414 7	46.887 3		高度显著
误差	29.808 9	4	7.452 2			
总和	2 425.697	24				

表 3-3 　　　　　　　　　　　正交试验结果的极差分析及方差分析

（c）运算时步极差分析表

	1 285	855	4 044	2 821	2 602	819
	2 402	1 691	2 196	4 520	2 869	1 176
T 值	1 720	3 362	2 483	916	2 749	1 189
	2 884	2 757	1 493	2 443	1 338	3 418
	3 133	2 759	1 208	724	1 866	4 822
优水平	5	3	1	2	2	5
极差 R 值	1 848	2 507	2 836	3 796	1 531	4 003
主次顺序	F	D	C	B	A	E

表 3-3 　　　　　　　　　　　正交试验结果的极差分析及方差分析

（d）运算时步方差分析表

方差来源	平方和	自由度	均方差	F 值	F_a	显著性
因素 1	482 163.76	4	120 540.94	1.164 6		
因素 2	801 024.96	4	200 256.24	1.934 8		
因素 3	985 679.76	4	246 419.94	2.380 9	3.837 9；	
因素 4	19 236 773.36	4	480 918.34	4.646 5	7.006 1	显著
因素 5	345 842.16	4	86 460.54	0.835 36		
因素 6	2 460 062.16	4	615 015.54	5.942 1		显著
误差	828 005.92	8	103 500.74			
总和	6 998 446.16	24				

从极差分析结果可知,在 6 个影响因素中,各因素对输出强度的影响从强到弱依次为均质度、弹性模量、单轴抗压强度、压拉比、泊松比、内摩擦角。若想获得较大的输出强度,则在参数中内摩擦角、单轴抗压强度、均质度应足够大,而压拉比、泊松比和弹性模量则应适当减小。各因素对达到峰值强度所需加载步的影响从强到弱依次为均质度、弹性模量、压拉比、单轴抗压强度、内摩擦角、泊松比。若想实现通过较少的加载步试样就达到峰值强度,则在参数中内摩擦角、均质度应足够小,而压拉比、泊松比和弹性模量则应适当增大,单轴抗压强度应偏离中值。

从方差分析结果可知,对于强度而言,弹性模量和均质度对模拟结果产生高度显著影响,输入的单轴抗压强度对模拟结果产生显著影响,剩余因素的影响力从强到弱依次为压拉比、泊松比、内摩擦角;对加载步而言,弹性模量和均质度对加载步产生显著影响,剩余因素的影响力从强到弱依次为压拉比、单轴抗压强度、内摩擦角、泊松比。

综合极差及方差分析结果可知,弹性模量和均质度对输出结果有重要影响,两者数值较高时,输出强度随之增加,但所需要的运算时步同时增加,而输入的单轴抗压强度对输出强度有显著影响,但其对加载步的影响并不十分显著,其余因素的影响相对较弱。因此,要想实现高效率的运算(运算时步少)和符合力学实测的强度特征,均质度应适当减小,而单轴抗压强度及弹性模量应适当增加,其他因素可随之进行微调。

3.1.3 模拟参数的确定及煤岩单体的破坏特性

3.1.3.1 参数的确定

在前述研究基础上,结合实测忻州窑矿煤岩的力学参数,在 RFPA 中对煤岩单体的参数进行调整,最终确定如表 3-4 所示的模拟参数。在本章后续组合体模拟中,组合体的分组参数与表 3-4 相同,后文不再赘述。

表 3-4 煤岩单体在 RFPA 中的输入参数

组别	内摩擦角/(°)	输入强度/MPa	压拉比	弹性模量/GPa	泊松比	均质度
顶板	33.8	250	10	10	0.33	10
煤	39.72	100	10	7.01	0.31	3
底板	31.38	160	13.58	9.0	0.288	4

3.1.3.2 单体煤岩的变形破坏特性

图 3-5 所示为表 3-4 中各组参数所对应的单体煤岩应力—应变曲线及不同阶段的变形破坏特征图。根据模拟结果可知:

(1) 模拟中获得的顶板岩石、煤、底板岩石的单轴抗压强度分别为 133.58、24.198、42.51 MPa,这一结果与第 2 章调研的情况以及所进行的忻州窑矿煤岩力学参数测试结果相近,说明在 RFPA 中对输入参数进行调整后输出的结果符合组合煤岩实验的要求,即在 RFPA 中顶板岩石强度最大,底板岩石次之,煤的强度最低,但也达到 24.198 MPa,三种单体试样的峰值强度较高,达到了本研究对坚硬程度的要求。

(2) 三种单体试样在达到峰值强度后出现较大应力跌落,应力跌落后顶板、煤、底板相应的峰后强度分别为各自峰值强度的 6.4%、27%、9.8%,说明模拟中所采用的坚硬岩石材料破坏时以脆性突然破坏为主,伴随着脆性破坏的发生,坚硬岩石主承载结构急剧失效,其抵抗外力的能力大大降低。

(3) 峰值强度后,坚硬岩石材料依然存在一定抵抗外力的能力,但这一抵抗力已相对较小。三种材料的平均峰后强度从大到小分别为顶板>煤>底板,其中,煤的峰后强度与底板较为接近,加之底板的峰值强度要大于煤的峰值强度,故而当以组合体进行模拟时底板要迟于煤层达到峰值破坏,但组合体中的煤破坏后,由于峰后残余强度的存在,会使得顶板与底板岩石依然受到影响,有可能导致顶板或底板的破坏。总的看来,峰值强度后材料抵抗外力能力已非常小,在力学实验中,一般实验至峰后急剧的应力跌落而结束。

(4) 从破坏特性而言,三种材料破坏前主要以弹性阶段为主,特别是顶板及底板岩石,其峰前的弹性阶段更为明显[图 3-5(b)、(c)]。煤样在压缩初期出现了短暂的压密阶段[图 3-5(a)],在接近峰值强度时存在塑性阶段,这一阶段应力大小出现小幅波动,但并不改变总体向上的趋势,经历长时弹性及短暂塑性阶段后,达到峰值后依然表现为脆性破坏。

(5) 从主破坏特征而言,三种材料的主破坏均发生在峰值强度时[图 3-5(b)、(c)],在峰值强度发生应力跌落的过程中,裂纹扩展,主破坏急剧发生,材料形成主贯通破坏通道。此后,在残余应力作用下,随着主破坏通道的压实填充及再次扩展,次级裂纹逐渐发育,导致材料更大范围的破坏。

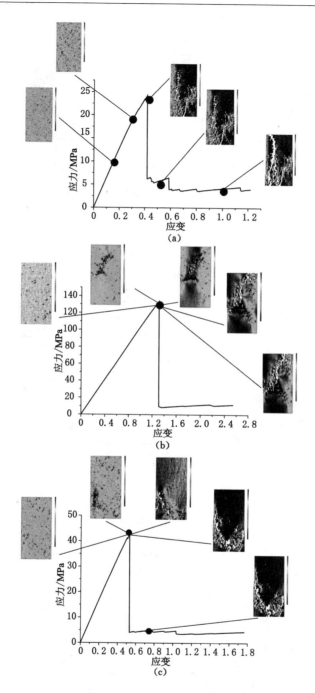

图 3-5 煤岩样的应力—应变曲线及变形破坏特征
(a) 煤;(b) 顶板岩石;(c) 底板岩石

3.1.3.3 单体煤岩破坏过程中的声发射特征

图 3-6 所示为煤岩样的应力—应变曲线及声发射变化特征图,其中,声发射统计的为模拟过程中的声发射计数,图中声发射圆形以声发射相对能量大小为半径画出,黑色表示拉伸破坏,白色表示剪切破坏。由图可知:

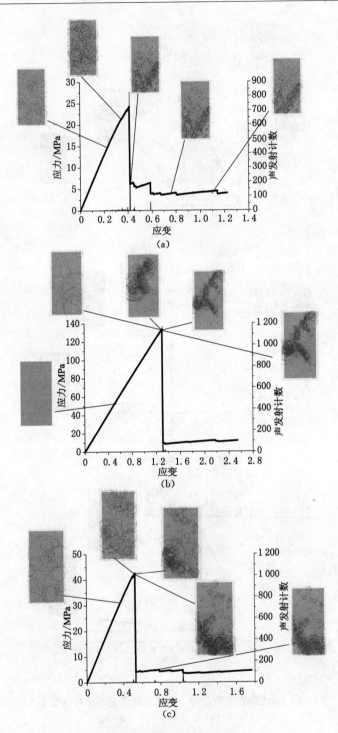

图 3-6 煤岩样的应力—应变曲线及声发射变化特征

(a) 煤；(b) 顶板岩石；(c) 底板岩石

（1）不同材料在单轴压缩条件下的声发射信号略有不同，煤、底板在峰值强度前即出现声发射事件，而顶板则在接近峰值强度时才逐渐出现声发射事件，这可能与材料的均质度有关,均质度越高,材料属性更趋于一致,其离散性减弱,峰前的孔隙闭合相对较少。(2)单轴压缩条件下材料的拉伸破坏要比剪切破坏多,且拉伸破坏与主裂纹的贯通路径相一致,说明声发射信号与材料破坏程度相关联。(3)材料在弹性阶段时也会出现少量声发射事件,这一阶段声发射事件的监测要比材料的宏观变形更为明显。因此,对于峰前的破坏特征,可以采用声发射事件进行评价,对于均质度低的材料更为适用。(4)伴随着材料的主破坏发生,不管是顶板、煤,还是底板岩石,均发生数量最大的声发射事件,说明主破坏发生时,伴随着能量的急剧释放,材料在快速失稳的过程中完成能量的释放。(5)峰后阶段依然存在声发射事件,但数量要远低于峰前及峰值阶段,说明峰后阶段材料还会发生细微的破坏,但从能量的角度而言,材料在短暂的主破坏过程中已经将大部分能量释放,主破坏发生后,其储能能力及可供释放的能量急剧下降。

对应于工程现场的冲击失稳,即当区域内的主承载结构失稳后,能量在失稳过程中急剧释放,从而造成巷道及底板的瞬时破坏,而一次短暂而急剧的能量释放后,煤岩体中可供再次释放的能量减少,因此,短时间内再次冲击的概率降低。但如果一次冲击中主破坏结构并未实现真正的失稳破坏,其释放的能量也相对较少,就会造成在后续采掘过程中还会再次发生失稳破坏。与之相对应的,煤矿井下工程一般跨度较大,其主承载结构并非一个,而具有区域性。同一巷道在长距离条件下具有分段的主承载结构,这也就解释了为什么同一巷道一次冲击之后还会再次发生冲击,但相对而言,冲击失稳发生在同一位置的概率要相对较低。

需要注意的是,在 RFPA 中,认为材料的损伤量和声发射事件与模型中的破坏单元呈正比,因此,当最大破坏发生时,材料的破坏单元达到最大值,此时,出现最大的声发射事件。对应于单轴模拟,即为在峰值强度处材料发生最大尺度破坏,从而导致大量声发射事件的出现。由于 RFPA 中声发射事件与模型的破坏单元呈正比,对材料的变形破坏研究也在一定程度上反映了模拟中的声发射特征,因此,下文主要研究材料的变形破坏特征,而不再对 RFPA 中的声发射信息进行讨论。

3.2 单轴加载条件下组合煤岩的破坏特性

为研究坚硬地层受载条件下的破坏特征,并与已有的研究形成对比,本部分设计组合体组合形式为二体组合(岩—煤组合)和三体组合(顶板—煤—底板组合)两种组合形式,不同组合构件的厚度比例为等比组合(1∶1)和真实比组合两种,其中,真实比组合根据忻州窑矿地层赋存情况并按照标准试样(ϕ50 mm×100 mm)进行等效处理,三体组合体真实比的等效高度比为顶板∶煤层∶底板=76∶16∶8,三体组合体的等比高度组合方式为顶板∶煤层∶底板=33∶34∶33,二体组合等效高度比为顶板∶煤层=82∶18,煤层∶底板=67∶33。

由于组合体中有煤层这一相对较弱的构件,各组模拟实验中均采用标准加载模式,设定加载速率单步增量均为 2e−006 mm/step。

3.2.1 二体等比组合条件下煤岩的变形破坏特征

图 3-7 所示为二体等比组合体的应力—应变曲线及破坏特征图,根据模拟结果可知:

(1)顶板与煤组合其峰值强度于 174 步达到 25.74 MPa,峰值强度后应力直接跌落至 4.26 MPa,是峰值强度的 16.55%。煤与底板组合的峰值强度于 178 步达到 24.69 MPa,峰

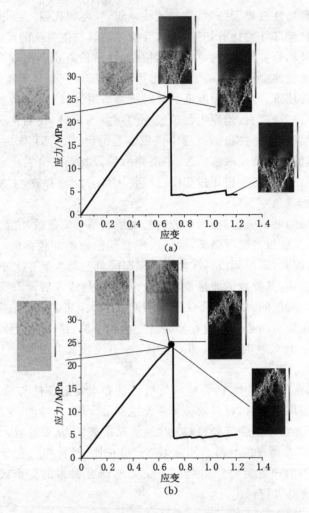

图 3-7 二体等比组合体应力—应变曲线及破坏特征图
(a) 顶板与煤组合;(b) 煤与底板组合

值强度后应力直接跌落至 4.55 MPa,是峰值强度的 18.43%,不同组合条件下煤达到破坏所需的时步及峰后应力跌落幅值差别不大。

(2) 二体等比组合体强度比纯煤试样的强度(24.198 MPa)略有提升,但提升幅度并不大,说明二体等比组合体依然以煤为破坏主体。

(3) 从破坏形态而言,由于不同组合体中煤所处的位置并不相同,导致破坏形态有所差异。纯煤的破坏以柱状劈裂为主,而二体等比组合体中主要以煤为破坏主体,岩石较少参与主破坏过程,顶板—煤组合体中煤处于下部,裂纹从煤的中下部开始形成,并逐渐向上扩展发育,最终形成圆锥形破坏。煤—底板组合体中煤处于组合体上部,裂纹由煤的上部开始形成,并逐渐向下扩展,最终以单斜面斜切破坏为主。两种等比组合条件下均以煤层破坏为主。

3.2.2 二体真实比组合条件下组合煤岩的破坏特征

图 3-8 所示为二体真实比组合体应力—应变曲线及破坏特征图,根据模拟结果可知:

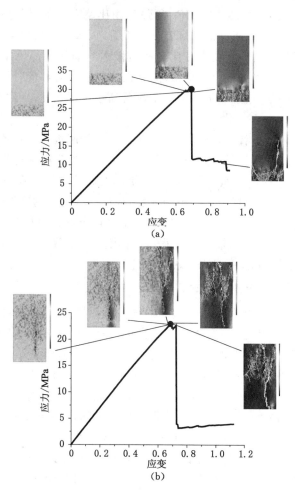

图 3-8　二体真实比组合体应力—应变曲线及破坏特征图

(a) 顶板与煤组合;(b) 煤与底板组合

　　(1) 顶板—煤组合于 172 步达到峰值强度 30.74 MPa,下一步即发生应力跌落,应力跌至 11.77 MPa,是峰值强度的 38.29％;煤—底板组合于 173 步达到峰值强度 23.01 MPa,在峰值点前后应力经过短暂调整于 182 步发生应力跌落,应力跌至 3.98 MPa,是峰值强度的 17.3％。不同组合达到峰值强度所需运算时步差别不大,但各自的破坏细节并不相同,前者步中步运算 52 步,而后者只运算 32 步,且后者在达到峰值强度时并没有形成贯通的主破坏裂纹。(2) 顶板—煤组合中顶板所占比例较高,所以破坏主要以煤的破坏为主,当煤体达到峰值强度后,其主体已经破碎,受持续加载影响,峰后顶板出现单裂纹劈裂破坏。与工程实践相对应的,当煤体受载破坏后,受空间条件限制,顶板载荷依然作用于破碎煤体之上,这一作用有可能导致顶板的局部失稳。(3) 煤—底板组合中两者比例为 2：1,煤的含量较多,而组合体的破坏也首先发生在煤体中,煤体以劈裂破坏为主,由于劈裂体还具有一定完整形态,能够继续传递模型顶部施加的载荷,因此在煤体发生劈裂破坏后,底板受煤体传递载荷的影响也发生劈裂破坏。(4) 从强度而言,真实比下顶板—煤组合的峰值强度比单体煤样的峰值强度有所提高,达到 30.74 MPa,而真实比下的煤—底板组合的峰值强度为

23.01 MPa,这一强度与纯煤 24.198 MPa 的强度相比略有回落,但降幅并不大。(5)真实比与等比组合相比,顶板—煤组合的强度有显著提升,而煤—底板组合的变化并不明显。可能的原因是顶板—煤组合中顶板的高度比例和顶板本身的强度都要显著高于煤,在组合体变形破坏过程中顶板参与了一部分变形破坏,从而提高了组合体的整体强度;而煤—底板组合中两种组分的高度差不大,且底板强度并不显著高于煤层强度,导致煤—底板组合的强度变化不大。

对应于忻州窑矿的工程背景,其地层赋存顶板、煤层、底板三元系统中,顶板所占比例较大,而顶板的强度又显著高于煤层和底板,因此,在组合体发生破坏过程中,由于顶板参与部分变形并在这一过程中提高了组合体的强度,使得破坏首先发生在三元系统的弱面中,同时,由于煤层的空间关系及变形破坏的不彻底性,较煤层强度大的底板受外载荷影响也会发生破坏。甚至在底板强度较弱的情况下,顶板—煤组合会首先保持其完整性并向底部施加力,使得底板首先发生破坏。底板失稳过程中,煤层上下受载而发生破坏。而在这一过程中,顶板由于自身强度较高,所受的破坏相对较小。

3.2.3 三体组合条件下组合煤岩的破坏特性

图 3-9 所示为三体组合体的应力—应变曲线及破坏特征图,由图可知:

(1)三体等比组合条件下,组合体于 163 步达到峰值强度 24.99 MPa,此后经历短暂的应力调整,应力调整后发生应力跌落前的应力为 19.20 MPa,模型于 170 步发生应力突降,应力值降至 3.787 MPa,分别是峰值应力及突降前应力的 15.15%、19.72%。三体真实比组合条件下模型于 152 步达到峰值强度 27.98 MPa,此后应力进行一定调整,调整于 196 步达到二次峰值强度 24.22 MPa,并于下一步发生应力突降,应力值突降至 8.25 MPa,突降后应力值分别为峰值强度和二次峰值强度的 29.49%、34.06%。

(2)与纯煤强度(24.198 MPa)相比,三体等比组合的强度略有提升,但提升幅度不大,而三体真实比的强度比纯煤强度提高 15.63%。与二体组合相比,三体等比组合强度略低于二体等比组合强度,三体真实比组合强度低于二体顶板—煤组合强度、高于煤—底板组合强度。可见,当煤体在组合体中比例较大时,会使得组合体的强度更趋近于煤体的单体强度,而当组合体中顶底板所占比例较大时,受顶底板影响,组合体的强度会发生改变,特别是顶板比例较高时,组合体的强度有增高趋势。

(3)从破坏特性而言,三体等比组合时组合体破坏主要发生在峰值强度时,在此处煤体内的微裂隙扩展贯通并向底板扩展,首先在煤—底板结构中形成单斜面剪切破坏,然后破坏在组合体中进一步发育并到达顶板,此时顶板结构以劈裂破坏为主,而煤—底板结构则最终形成圆锥形破坏。三体真实比组合体与等比条件下的破坏有所不同,由于真实比中煤—底板结构在整个三体结构中仅占 24%,而两者的单体强度又小于顶板强度,使得煤—底板结构的变形破坏具有一定协调一致性,模型在峰值强度发生破坏时,在煤体和底板中都产生微裂纹,受模型底端固定影响,此后微裂纹以底部为起点逐渐向上部扩展,并在煤—底板结构中形成劈裂与圆锥形破坏共存的复合型破坏模式,而顶煤相邻边界处受外载影响发生劈裂破坏。由于峰值强度后三体真实比组合结构还存在二次峰值强度,但从模型的破坏而言,主破坏在峰值强度处已经形成,二次峰值强度沿着主破坏的破坏路径继续延伸贯通,峰后的应力调整使得破坏趋缓,在不改变破坏趋势的前提下可以降低主破坏发生时的高能量释放率,使主破坏逐渐进行,从而避免结构的突然剧烈失稳。

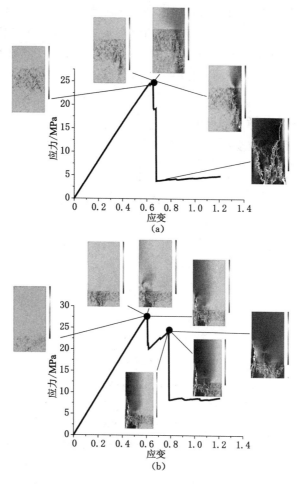

图 3-9　三体组合的应力—应变曲线及破坏特征图
（a）三体等比组合；（b）三体真实比组合

对于井下工程而言，如果破坏无法避免时，如能减缓破坏发生的进程，通过人为控制破坏分步进行，则可以在一定程度上降低冲击危险性。与单纯考虑煤体这一单一因素而言，在组合体的背景下，可供选择的调节对象更多，而且调节的方式不仅局限于煤层钻孔卸压、开设卸压硐室等，依据分步破坏原理，顶板及底板内实施的技术手段也有望成为缓解冲击破坏的重要手段。

3.3　孔洞结构对组合体破坏的影响

在煤矿井下工程中，经常要开掘巷道或硐室，在煤炭开采后，一般也会留下采空区。空场空间在单一地层中的特性可以通过现场观测直接测量，但组合体条件下的孔洞影响则无法在一次实践中进行对比研究。加之在宏观实体试件上设置孔洞较为不易，打磨加工过程也会对试件的原岩特性产生一定影响，因此，本节采用数值模拟方式，研究不同孔洞位置及不同孔洞大小对组合体的破坏影响。模拟中采用单轴加载方式，基本模型与三体真实比下的模型相同,分别将孔洞设置在组合体中的煤层、顶板及底板,为了便于对比,孔洞均位于各层的中间位置,孔洞的长×高为 4 mm×2 mm。在此基础上,在煤层中将孔洞尺寸扩大 2倍、4 倍,即长×高=8 mm×4 mm、长×高=16 mm×8 mm,对比研究不同孔洞尺寸对组合体破坏的影响。模型中单独创建孔洞材料,将孔洞材料类型选为空洞,并将材料的所有参数设置为零。

3.3.1　孔洞位置对组合体破坏的影响

图 3-10 所示为不同孔洞位置下组合体的应力—加载步曲线,根据测试结果可知:

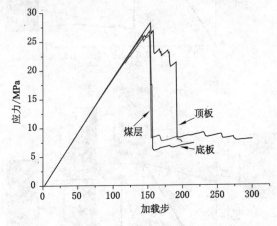

图 3-10　不同孔洞位置下组合体的应力—加载步曲线

(1) 相同尺寸孔洞位于不同位置时,对组合体的破坏强度存在一定影响,但对峰值强度影响不大,孔洞位于顶板、煤层、底板时组合体的峰值强度分别为 28.16、26.01、26.74 MPa,与三体真实比无孔洞组合模型(峰值强度 27.98 MPa)相比,孔洞位于顶板时组合体的强度略有增加,其他两种情况下组合体的强度略有下降。一方面可能与模型参数随机分布有关,更可能是,孔洞位于顶板时,顶板岩层本身较为坚硬,孔洞位置相对较高,所受到的重力载荷影响较小,且顶板岩层均质度较高,整体性强,使得孔洞在顶板结构时组合体更稳定。反之,当孔洞位于煤层及底板时,其层位本身较低,而这两个地层的强度又低于顶板,无孔洞条件下两者即为易损伤结构,在孔洞条件下,组合体更易在孔洞周围首先形成破坏,进而导致组合体的破坏。(2) 从达到峰值强度所需的加载时步而言,孔洞结构对加载时步几乎没有影响,如孔洞位于顶板、煤层、底板时达到峰值强度的加载步分别为 154、152、153 步,而无孔洞条件下组合体于 152 步达到峰值强度,可见,虽然 RFPA 在模型网格细分赋参方面能够实现一定的随机分布,但并没有改变模型的整体强度。(3) 受孔洞结构影响,孔洞位于不同位置时对组合体的峰后破坏产生一定影响,三个模型均在峰后出现应力调整,其中,顶板的应力调整最为明显,底板和煤层在发生应力突降前调整了 3 步,而顶板则调整了将近 40 步,说明孔洞位于顶板时,顶板对组合结构的破坏产生重要影响,顶板的参与不仅提高了组合体的整体强度,也使得组合结构在破坏时更加趋缓,从而降低了应力突降过程中的能量急剧释放,减轻了冲击危险。从这个角度出发,厚层坚硬顶板对组合体的稳定具有重要影响,而巷道位于煤层或防冲手段的施工点位于底板时,可能效果不如顶板工程来的明显。另外,当巷道位于顶板时,不仅其稳定性提高,也有利于提高下部煤层的整体强度。

图 3-11 所示为不同孔洞位置下组合模型的变形特征图,根据模拟结果可知:

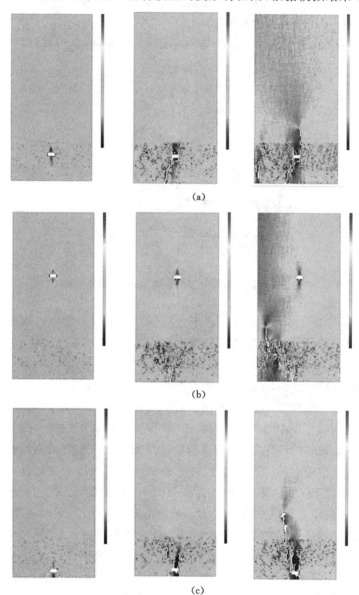

图 3-11　不同孔洞位置下组合模型的变形特征

(a) 孔洞在煤层;(b) 孔洞在顶板;(c) 孔洞在底板

(1) 孔洞位于组合体的不同层位时,在模型初始阶段孔洞的周围都会形成初始的应力集中,特别是矩形孔洞的左右两帮位置应力集中明显,在三种不同孔洞位置的情况下,应力集中程度与所在层位地层强度呈反比,即地层强度越大,孔洞两帮初始应力集中越小,但在本书研究的三种情况下,应力集中区分梯度并不明显。(2) 孔洞位于煤层及底板时,初始的裂纹由孔洞的肩角形成并逐渐向周围扩展,在煤层及底板中贯通并导致组合体的破坏;而孔洞位于顶板时,初始的破坏由煤层中形成,并逐渐向上下层扩展,顶板中的孔洞对裂纹扩展影响较小。三种情况下,一般煤层及底板均为较为破碎的破坏,而顶板为主裂纹扩展劈裂破坏,主裂纹以外次生裂纹较少,因此,如将巷道布置在顶板,其稳定性要高于煤层及底板。

3.3.2 孔洞尺寸对组合体破坏的影响

图 3-12 所示为不同孔洞尺寸下组合体的应力—加载步曲线,可以发现:

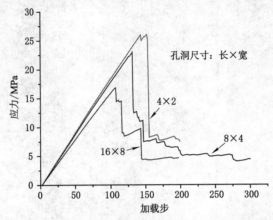

图 3-12 不同孔洞尺寸下组合体的应力—加载步曲线

(1) 孔洞尺寸对组合体强度有显著影响,孔洞尺寸越大,组合体的强度越低,测试的三种情况下,组合体的峰值强度从小到大分别为 16.81、22.97、26.01 MPa,说明在既定条件下,空场空间越大,组合系统抵抗外力的能力越低,系统越容易失稳。(2) 三种情况下的组合模型均出现应力调整,孔洞尺寸越大,峰后调整阶段越明显,如尺寸最大的 16 mm×8 mm 孔洞条件下,应力分两次跌落,由于孔洞较大其峰值强度较低,而应力又分为两阶段突变跌落,使得模型失稳破坏过程中的能量释放更加缓慢,从而有利于减缓冲击失稳的程度,而尺寸最小的 4 mm×2 mm 的情况下,模型在峰值强度附近进行短时应力调整后,峰后发生一次显著应力跌落,此后应力趋于稳定,可见在一次突然迅猛的应力突降过程中,模型已经完成主破坏过程。对应于工程实践,在既要提高工程煤岩体强度,还要使得地下工程在发生破坏时不至于因突然失稳而造成冲击破坏,就要在既定的地质条件下确定合理的施工空间和施工顺序,从而避免地下动力灾害的发生。(3) 从运算时步而言,孔洞尺寸越大,模型破坏所需的时步越短,这与模型的峰值强度特征是相一致的,即孔洞尺寸越大,峰值强度越低,模型达到破坏所需时步越短。从工程角度而言,地下空场空间越大,其整体结构的失稳会更接近于突变点。在坚硬顶板长距离悬顶条件下,随着开采的进行,采空区空场空间不断扩大,而坚硬顶板长距离悬顶不垮落,整个采动系统在静载条件下小区域空场有较大的承载力,而工作面推进在增大空场空间的同时,也造成系统抵抗外力能力降低,在此消彼长的过程中,当发生突然失稳时,所积聚能量极有可能快速释放,造成动压事故。因此,在地下空场空间增大的同时,不仅要进行及时支护,还要预防材料性能劣化可能造成的动力灾害。

图 3-13 所示为不同孔洞尺寸下组合体的变形破坏特征图,可见,在组合体中破坏主要发生在煤及底板,这两部分的破坏较为破碎,而顶板主要以劈裂破坏为主,顶板的劈裂位置一般位于孔洞之上。在模型尺寸一定的条件下,孔洞尺寸增大后导致可供裂纹扩展的空间减少,使得孔洞尺寸越大,次生裂纹越不发育,模型越表现出以主裂纹扩展为主的劈裂破坏趋势。此时,由于次生裂纹并未发育完全,组合系统的能量以主裂纹扩展的形式进行释放,

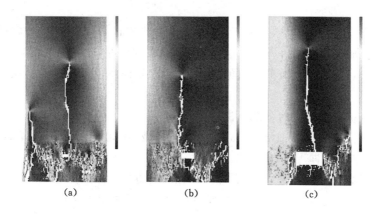

(a)　　　　　　　　(b)　　　　　　　　(c)

图 3-13　不同孔洞尺寸下组合体的变形破坏特征

(a) 4×2;(b) 8×4;(c) 16×8

其破坏程度很可能高于次生裂纹较为发育的情况。这种情况类似于单轴应力—应变曲线中在达到峰值后应力发生突然跌落的情况,此时,存储在系统中的能量无法通过分步耗散的形式缓慢释放,而以突发破坏的形式进行集中释放,其动力响应就会更加剧烈。

3.4　三轴围压条件下组合体的破坏研究

3.4.1　模拟方案及 RFPA 中三轴测试的实现方法

为对比研究组合煤岩在三轴围压条件下的破坏特性,以三体真实比的模型为基本模型,选取不同围压水平及不同高度比组合为考察因素建立假三轴模拟模型。在不同围压条件下,模型保持真实比不变,改变围压水平,考虑到煤的强度在 24 MPa 左右,设置围压水平分别为 3、5、10、15 MPa,在模型左右两端施加大小相同、方向相反的围压,固定模型底面,同时在模型顶部采用位移加载模式进行加载。根据不同围压的结果,选择某一围压作为三轴模拟的固定围压,考虑到忻州窑矿顶板—煤—底板组合中底板高度较小,在本次研究中将底板高度固定,调整顶板与煤的高度,观察不同高度组合下三体组合模型的破坏特征。在 RFPA 中,模型网格的划分和材料赋参与单轴条件相同,但不同的是三轴模拟时模型两端为应力加载,顶板为位移加载,具体的加载方法如下:

(1) 方法一:边界载荷法

① 在 RFPA 静力学施加载荷模块中选择边界载荷加载模式。

② 水平方向加载围压。模型的 X 方向需要施加两个大小相等、方向相反的围压,因此 X 方向选择加载类型为应力加载,每次设定好 X 方向的一个围压,同时将 Y 方向加载类型选择为应力加载,并将 Y 方向所有数据清零,以保证模型的边界沿水平方向受到相等的围压,而模型边界的 Y 方向则不受水平加载的影响。需要注意的是,此处如果将 Y 方向选为位移加载并清零,则会导致模型边界垂直方向无法运动。设置完毕后,按照施加的应力方向在模型边界框选,模型有两个水平围压,故而水平方向共需要框选两次。

③ 模型底面固定。模型底面固定,即模型不能发生位移,故而进入边界载荷模块中,X,Y 方向加载类型均选择位移加载,并将所有数据清零,设置完毕后,框选模型底面并将其

固定。

④ 模型顶部设置位移加载。在边界载荷中将 Y 方向选择位移加载模式并设置加载值，X 方向选择应力加载模式并将所有数值清零，然后在模型顶部框选。需要注意的是，此处如果将 X 方向选择为位移加载并将数值清零，则会导致模型顶板框选的位置无法发生水平移动而出错。

（2）方法二：标准模式＋边界载荷法

① 使用标准模式中的单轴压缩模式进行位移加载，在此模式下，模型底部被自动固定，只需设置顶板的加载量即可。

② 使用边界载荷模块添加围压，具体操作方法与方法一中的第②步相同。

考虑到方法一要比方法二操作复杂，容易在设置过程中出现误操作，因此本书选择方法二进行三轴加载。需要注意的是，在 RFPA 边界载荷模块中，数值的正负与坐标轴方向一致；而在标准模式单轴压缩模式下，系统默认压为正、拉为负，因此需要根据不同模式选择加载数值的正负。

3.4.2 不同围压对组合体破坏的影响

图 3-14 所示为不同围压下组合体的应力—加载步曲线，结合图 3-9 的测试结果可知：

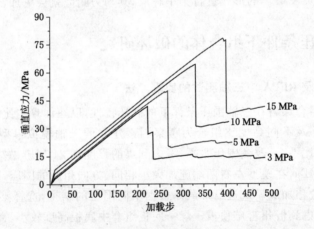

图 3-14　不同围压下组合体的应力—加载步曲线

（1）施加围压后，组合体的峰值强度明显提高，且随着围压的增大，组合体的峰值强度有增大趋势，如在单轴条件下，相同组合条件的试样峰值强度仅为 27.98 MPa，而在施加围压后，围压为 3、5、10、15 MPa 时组合体的峰值强度分别为 41.72、50.03、64.1、78.12 MPa，峰值强度增大趋势明显。（2）围压越大，试件达到破坏所需运算时步越多，如单轴条件下仅需 152 步模型即达到峰值强度，而在围压为 3、5、10、15 MPa 时组合体达到峰值强度所需的运算时步分别为 222、268、331、393 步，运算时步数要高于单轴条件下，且围压越大，模型达到破坏所需运算时步越多。（3）三轴围压条件下，组合体峰后发生突然破坏，随着围压的增大，应力跌落范围有增大趋势，表明三轴条件下的应力控制更困难。同时注意到，在施加围压时，围压分 10 步施加，使得图 3-14 所示的曲线初始阶段的模量与施加围压稳定后的弹性模型有所不同，说明初始阶段施加围压对模型的初始变形产生一定影响，但由于初始阶段模型并未发生破坏，这种影响并不影响组合体的后期破坏特性。

不同围压下组合体的变形破坏特征与单轴条件下有所不同,以围压为 3 MPa、15 MPa 为例予以说明。图 3-15 和图 3-16 所示分别为围压为 3 MPa、15 MPa 时不同运算时步下模型的破坏特征图,可见:(1)三轴条件下,裂纹扩展的空间更加狭小,受模型端部的位移限制及加载应力影响,模型在较小形变时即发生破坏,而单轴条件下组合体破坏范围更大;(2)三轴围压越大,裂纹扩展的空间越小,如围压为 15 MPa 时,组合体失稳时的破坏范围要比围压为 3 MPa 时小;(3)组合体的破坏主要集中在煤体及底板中,顶板受到的影响较小,三轴条件下,顶板未出现劈裂破坏,说明直至组合体破坏时,顶板依然保持较好的完整性;(4)组合体中初始裂纹一般以单斜面剪切破坏为主,随着加载的持续进行,会出现次生裂纹,多裂纹交叉贯通,导致煤体及底板中的失稳较为破碎;(5)在围压为 15 MPa 时,峰值应力后组合体进行短暂的应力调整,虽然峰值应力出现在 393 步,但在峰值应力时模型并没有立即破坏,而是在此后的应力调整阶段主破坏发生在第 400 步,从图 3-15 也可以看出,围压为 3 MPa 时,组合体在 222 步达到峰值强度并发生主裂纹扩展破坏,此后又发生了次生裂纹的破坏,导致组合体的应力调整和分步破坏。

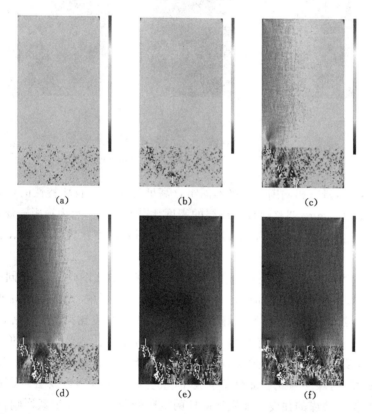

(a)   (b)   (c)

(d)   (e)   (f)

图 3-15　围压为 3 MPa 时不同时步组合体的变形破坏特征
(a) 222-1;(b) 222-15;(c) 222-20;(d) 222-33;(e) 234-16;(f) 487-1

3.4.3　相同围压不同高度比的影响

由上一节研究可知,三轴条件下,组合体的峰值强度显著提高。围压为 15 MPa 时,模型的峰值强度就可达到 78.12 MPa,且高围压下模型的宏观变形量更小。因此,本节选择将

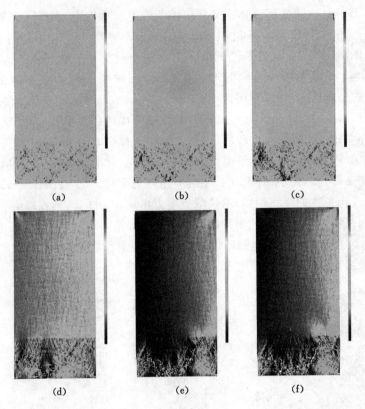

图 3-16　围压为 15 MPa 时不同时步组合体的变形破坏特征

(a) 393-13；(b) 395-15；(c) 400-8；(d) 400-10；(e) 400-26；(f) 500-1

围压固定为 3 MPa，研究相同围压水平不同组合高度比对模型破坏特性的影响。组合模型中固定底板高度为 8 mm，调整顶板与煤层的高度比，图 3-17 所示为顶板—煤层不同高度比的示意图，顶板与煤层的总高度为 92 mm，分别设置两者高度比为 1、2.07、3、4.1、4.75（真实比）。

　　图 3-18 所示为不同高度比下组合体的应力—加载步曲线图，可知在相同围压条件下：

　　(1) 顶板与煤层高度比变化时，组合体强度受到一定影响，总的趋势是两者高度比越小，即组合体中煤层高度越大，模型的峰值应力越低，但当高度比大于 4 以后，这种趋势受到影响，如高度比为 4.75 时峰值应力为 41.72 MPa，而高度比为 4.1 时峰值应力为 43.72 MPa，分析认为，顶板—煤高度比过大时，组合体中顶板比例较高，此时煤层与底板所占比例较小，当模型破坏时，煤层与底板都会发生破坏，组合体的破坏强度就会综合反映煤层与底板的强度，而非仅反映煤的强度。而底板破坏的范围受顶板及其他因素影响，不同比例的底板参与破坏时，会影响到组合体的总强度。高度比较小时，组合体以煤破坏为主体，故而强度特性较多地体现煤的强度。对应于工程现场而言，对于同一煤层，当工作面进入煤层合并区时，此时煤层厚度增大，顶板—煤—底板这一组合系统的承压能力反而随着高度比的降低而降低，造成同样的悬顶距离此前开采相对较薄的煤层时不发生冲击地压，而在过渡到煤层合并层时却发生冲击失稳。(2) 不同高度比下，总体上组合体峰后以应力突然降低为主，即破坏时较为突然迅猛。对应于冲击地压而言，往往无冲击地压的矿井地应力环境较为简单，

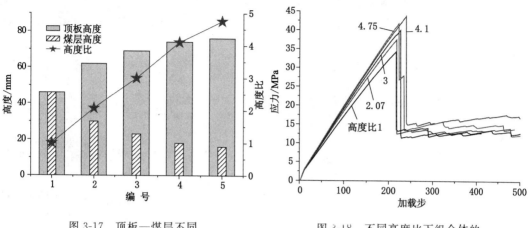

图 3-17 顶板—煤层不同
高度比示意图

图 3-18 不同高度比下组合体的
应力—加载步曲线

应力水平较低。而冲击地压矿井往往处于多向高应力环境,且处于较高的地应力水平,特别是受构造应力影响严重。类似于本书研究的三轴受力环境,受多向高应力状态影响的原始地层其本身的抗压强度要比只受自重载荷影响时高,多向受力条件下有利于组合地层的储能,开采扰动后,受厚层坚硬地层这一客观因素影响,厚层坚硬顶板长距离悬顶,顶板保持其结构性稳定,但当顶板断裂时,达到组合地层的峰值强度突变点,组合地层整体结构失稳,并释放巨大能量,造成开采时发生突然迅猛的破坏。防治冲击地压,需要根据井下的应力环境选择相应的技术手段,破坏地层形成高能量积聚的结构,避免处于高应力环境的地层发生突然、急剧的失稳破坏。同时,也要结合处于高应力环境的煤岩体本身强度较高的特点,尽量避免厚层坚硬顶板自身不破坏但将应力波和能量传递给相对较弱的煤层和底板所造成的煤层与底板破坏。

4 厚层坚硬煤系地层冲击地压机理

国内外学者对于采动后的应力分布及其力学模型等已进行过多方面研究,本章主要依据国内外已有研究基础,结合厚层坚硬煤系地层条件,分析厚层坚硬这一特殊地质条件对于冲击地压的影响,重点探讨超前应力区、多巷交汇区的冲击地压频发问题,解释冲击地压显现过程中的片帮、底鼓、冒顶等问题,以及冲击动载的来源问题,从理论上分析厚层坚硬煤系地层条件下的冲击地压机理。

4.1 厚层坚硬煤系地层组合结构及破坏条件

本书第 3 章的研究表明,对于"顶板—煤—底板"这一组合体而言,虽然加载方式、孔洞尺寸、不同煤岩高度比会对破坏的强度等产生一定影响,但从破坏的主体而言,无论是单轴加载还是三轴加载条件下,组合体的破坏主要发生在煤层,其次为底板,顶板主要以劈裂破坏为主,较少发生多区域剪切破坏。

以单轴压缩条件为例分析煤系地层"顶板—煤—底板"这一基本组合结构的受力及破坏,如图 4-1 所示为煤系地层组合体的基本结构及其受力条件,根据实测及数值模拟中的应力—应变关系可知,在加载初期,组合体结构整体处于稳定状态,假设组合体中接触面面积 S 相等,组合体的顶底部及各部分的接触面为刚性接触,应力在传递过程中不发生损耗。此时,整个模型在顶部和底部受到大小相等、方向相反的作用力 σ,且随着加载的进行 σ 不断增大,就组合体中的单一地层而言,其底部受到作用力 σ 的影响。

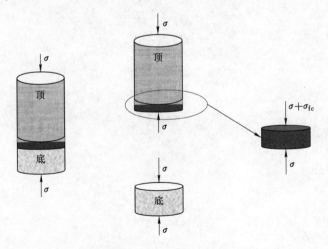

图 4-1 煤系地层组合体的基本结构及受力分析

煤系地层主要为沉积岩系,各地层自下而上逐渐经沉积及固结成岩作用形成,不考虑相变及褶曲等因素,煤系地层的基本单元自上而下分别为顶板、煤层及底板,分别以字母t(top)、c(coal)、b(bottom)表示各地层的变量,则对于煤层及底板而言,分别有:

煤层所受合力 $\Delta\sigma_c$:

$$\Delta\sigma_c = (\sigma + \sigma_{fc}) - \sigma \tag{4-1}$$

底板所受合力 $\Delta\sigma_b$:

$$\Delta\sigma_b = (\sigma + \sigma_{bc}) - \sigma \tag{4-2}$$

式中,σ_{fc},σ_{bc} 分别表示由重力及构造应力等在垂直方向引起的有效应力总和。

由式(4-1)和式(4-2)可知,处于底部的地层整体受有效应力影响较大,有效应力的总和为该地层所受合力的主要来源,并构成地层内应力增量的主要部分。

又根据重力的定义:

$$G = mg = \rho Vg = \rho SHg \tag{4-3}$$

式中,m,g,V,S,H,ρ 分别表示地层的质量、重力加速度、地层体积、地层接触面积、地层高度及地层的平均密度。

由式(4-3)可知,在接触面积一定的条件下,重力与地层的密度及地层的高度呈正比,地层密度越大、高度越大,地层所受自重应力越大。而处于下部层位的地层受到的重力随着地层深度的增加而逐渐累加,造成下部地层所受覆岩自重应力增大。令煤层及底板的极限破坏强度分别为 R_c 和 R_b,则当两者所受应力增量分别满足式(4-4)和式(4-5)时,相应的地层发生破坏。

$$\Delta\sigma_c \geqslant R_c \tag{4-4}$$

$$\Delta\sigma_b \geqslant R_b \tag{4-5}$$

又因在煤系地层中一般煤层的破坏强度及煤层的密度要低于底板岩石,而煤层的高度一般并非显著较高,在组合体单个地层所受应力增量差别不大的前提下,随着载荷 σ 的不断增大,一般煤层首先达到其破坏强度而发生破坏。

而在厚层坚硬地层条件下,厚层条件使得地层的厚度显著增加,而坚硬条件一般表明地层的密度较大,两者都有利于增加有效应力中的自重载荷,地层层位越靠下,其所受到的自重载荷影响越严重。若再考虑构造应力等可能使有效应力增加的条件,直接底为弱面地层或其本身破坏强度略高于煤层时,则有效应力总和有可能达到底板的破坏条件,从而使底板也发生破坏,即第 3 章所述组合体模拟中出现的煤层与底板均发生破坏的情况。在采动条件下,有效应力中包含采动引起的超前支承压力等应力高于原岩应力的应力增量,加之顶板的突然破断所带来的瞬时载荷作用于底板,也会增加底板所承受的有效应力总和,造成底板在冲击失稳中有可能与煤层同时发生破坏,即在冲击地压显现中出现底鼓现象。而顶板由于本身厚且坚硬,其层位也在最上方,有效应力总和中的自重载荷影响较小,使得组合体中的顶板一般不发生破坏。

有学者对组合体接触面上微元体的受力分析表明,单轴条件下接触面位置组合体中强度较大的组件强度降低,而强度较弱的组件强度增大[145-147]。这在一定程度上说明煤与底板接触作用过程中相应的破坏强度及受力环境发生变化,为解释单轴条件下煤层与底板均发生破坏提供一定支撑。

4.2　开采扰动后煤系地层的分区结构

　　地下采矿所造成的直接扰动包括巷道掘进及工作面开采两种扰动形式,而巷道和工作面又是工人作业的主要空间,发生在巷道及工作面的冲击地压会造成较为严重的损失,这也是冲击地压灾害性的主要原因。由于巷道及工作面所处的工况环境相似但又不相同,巷道属于小范围扰动范围,而工作面属于动态大范围扰动范围,造成两者在采动影响后煤系地层内的分区结构有所差异。

4.2.1　开采扰动后巷道周围的分区特征

　　巷道开挖后造成巷道周围煤岩体内应力重分布,国内外学者从多方面对此展开研究。本书主要结合基于极限平衡理论的圆形巷道围岩应力分布和基于 Lippmann 煤岩冲击失稳理论应力分布为基础进行分析,为便于分析,将两理论中物理意义相同的变量采用相同的符号表示,图 4-2 所示分别为两种理论计算的基本模型[1,148-150]。

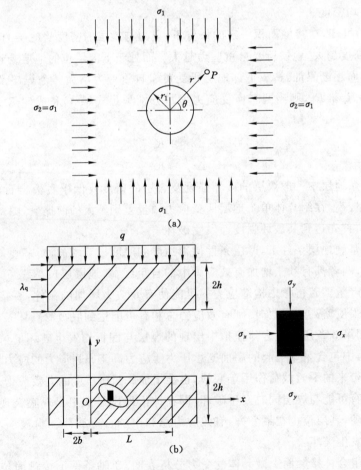

图 4-2　巷道周边应力分区计算模型

（a）双向等压圆形巷道极限平衡理论计算模型；(b) 基于 Lippmann 冲击失稳理论计算模型[148]

　　根据极限平衡理论,圆形巷道周围的应力分布有[148]:

$$\sigma_r = \sigma_1 \left(1 - \frac{r_1^2}{r^2} \right) \tag{4-6}$$

$$\sigma_\tau = \sigma_1 \left(1 + \frac{r_1^2}{r^2} \right) \tag{4-7}$$

极限平衡区的半径为：

$$R = r_1 \left[\frac{(\sigma_1 + C\cot\varphi)(1 - \sin\varphi)}{C\cot\varphi} \right]^{\frac{1-\sin\varphi}{2\sin\varphi}} \tag{4-8}$$

式(4-6)至式(4-8)中，σ_1，r_1，C，φ 分别为原岩应力、巷道半径、围岩内聚力、围岩内摩擦角。

祝捷等基于 Lippmann 冲击失稳理论推导了 Hoek-Brown 强度准则下的煤层二维冲击失稳模型和考虑损伤的煤层突出模型[1,149-150]，根据其研究可知：

考虑煤体损伤时，弹性区满足：

$$\frac{L}{h} = \frac{\dfrac{\lambda}{1-D} - \dfrac{b}{h}\tan\overline{\varphi}}{\dfrac{\overline{C}}{q} + \tan\overline{\varphi}} \tag{4-9}$$

$$\sigma_x(x) = -\left(\frac{1}{\mu} - 1 \right)(1-D)\overline{C}\cot\overline{\varphi} + $$
$$\left[\lambda q + \left(\frac{1}{\mu} - 1 \right)(1-D)\overline{C}\cot\overline{\varphi} \right]\exp\left(\frac{\mu}{1-\mu} \frac{x-L}{h}\tan\overline{\varphi} \right) \tag{4-10}$$

$$\sigma_y(x) = -\overline{C}\cot\overline{\varphi} + (q + \overline{C}\cot\overline{\varphi})\exp\left[\frac{\mu}{(1-\mu)(1-D)} \frac{x-L}{h}\tan\overline{\varphi} \right] \tag{4-11}$$

对于塑性区，根据不同的条件，可分为三种情况：

当 $\sigma_c > \dfrac{4m\overline{C}\cot\overline{\varphi}}{m^2 + 4s}$ 时，如式：

$$\frac{x}{h}\tan\overline{\varphi} = \ln\left| \sigma_x + \sqrt{m\sigma_c\sigma_x + s\sigma_c^2} + \overline{C}\cot\overline{\varphi} \right| - $$
$$\frac{m\sigma_c}{u}\ln\left| \frac{2\sqrt{m\sigma_c\sigma_x + s\sigma_c^2} + m\sigma_c - u}{2\sqrt{m\sigma_c\sigma_x + s\sigma_c^2} + m\sigma_c + u} \right| + A \tag{4-12}$$

$$\frac{x}{h}\tan\overline{\varphi} = \ln\left| \sigma_y + \overline{C}\cot\overline{\varphi} \right| - \frac{m\sigma_c}{u}\ln\frac{2\sqrt{m\sigma_c\sigma_y + \left(\dfrac{m^2}{4} + s \right)\sigma_c^2} - u}{2\sqrt{m\sigma_c\sigma_y + \left(\dfrac{m^2}{4} + s \right)\sigma_c^2} + u} + A \tag{4-13}$$

$$A = -\ln(\sqrt{s}\sigma_c + \overline{C}\cot\overline{\varphi}) + \frac{m\sigma_c}{u}\ln\left| \frac{2\sqrt{s}\sigma_c + m\sigma_c - u}{2\sqrt{s}\sigma_c + m\sigma_c + u} \right| \tag{4-14}$$

当 $\sigma_c = \dfrac{4m\overline{C}\cot\overline{\varphi}}{m^2 + 4s}$ 时，如式：

$$\frac{x}{h}\tan\overline{\varphi} = \ln\left| \sigma_x + \sqrt{m\sigma_c\sigma_x + s\sigma_c^2} + \overline{C}\cot\overline{\varphi} \right| + \frac{2m\sigma_c}{2\sqrt{m\sigma_c\sigma_x + s\sigma_c^2} + m\sigma_c} + B \tag{4-15}$$

$$\frac{x}{h}\tan\overline{\varphi} = \ln\left| \sigma_y + \overline{C}\cot\overline{\varphi} \right| + \frac{m\sigma_c}{\sqrt{m\sigma_c\sigma_y + \left(\dfrac{m^2}{4} + s \right)\sigma_c^2}} + B \tag{4-16}$$

$$B = -\ln(\sqrt{s}\sigma_c + \overline{C}\cot\overline{\varphi}) - \frac{2m}{2\sqrt{s}+m} \tag{4-17}$$

当 $\sigma_c < \dfrac{4m\overline{C}\cot\overline{\varphi}}{m^2+4s}$ 时,如式:

$$\frac{x}{h}\tan\overline{\varphi} = \ln\left|\sigma_x + \sqrt{m\sigma_c\sigma_x + s\sigma_c^2} + \overline{C}\cot\overline{\varphi}\right| -$$

$$\frac{2m\sigma_c}{u}\arctan\frac{2\sqrt{m\sigma_c\sigma_x + s\sigma_c^2} + m\sigma_c}{u} + C' \tag{4-18}$$

$$\frac{x}{h}\tan\overline{\varphi} = \ln\left|\sigma_y + \overline{C}\cot\overline{\varphi}\right| - \frac{2m\sigma_c}{u}\arctan\frac{2\sqrt{m\sigma_c\sigma_y + \left(\dfrac{m^2}{4}+s\right)\sigma_c^2}}{u} + C' \tag{4-19}$$

$$C' = -\ln\left|\sqrt{s}\sigma_c + \overline{C}\cot\varphi\right| + \frac{2m\sigma_c}{u}\arctan\frac{2\sqrt{s}\sigma_c + m\sigma_c}{u} \tag{4-20}$$

式(4-12)至式(4-20)中,u 由下式求得:

$$u = \sqrt{|\Delta|} = \sqrt{|m^2\sigma_c^2 + 4s\sigma_c^2 - 4m\sigma_c\overline{C}\cot\overline{\varphi}|} \tag{4-21}$$

式(4-9)至式(4-21)中,$2h,2b,L$ 分别为煤层高度、巷道宽度、扰动区长度;q,λ 分别为垂直应力、侧压力系数;$\overline{C},\overline{\varphi}$ 分别为煤岩交界面的内聚力和内摩擦角,$\overline{C} \geqslant 0,0 \leqslant \overline{\varphi} < \pi/2$;$\mu$ 为泊松比;m,s 分别为岩体的硬度经验系数和破碎经验系数,$10^{-7} \leqslant m \leqslant 25,0 \leqslant s \leqslant 1$;$\sigma_c$ 为煤体的破坏强度;D 为损伤变量,满足 $0 \leqslant D < 1$,当损伤变量 D 为 0 时,为不考虑煤体损伤时的情况;A,B,C' 为与材料属性有关的参数。由连续条件($x = x_p$ 处,σ 连续)、边界条件($x = L$ 时,$\sigma_x = \lambda q$)及材料参数,则可确定塑性区范围及相应的应力分布。

根据上述理论,如图 4-3 所示,可分别作出巷道周围的应力分布示意图。

结合式(4-6)至式(4-21)及图 4-3 可知,巷道开挖后,受采动影响巷道周围煤岩体内的应力重分布,其中,根据圆形巷道周围极限平衡理论的应力分布可知,塑性区范围主要受巷道尺寸、原岩应力水平和煤岩体性质影响,巷道越大、原岩应力水平越高、煤岩体越软弱,塑性区范围越大。厚层坚硬地层条件下,厚层条件造成原岩应力水平较高,从而使得塑性区有增大趋势,而煤体较为坚硬使得塑性区范围缩小,两者共同作用决定塑性区的范围。而根据平动突出模型,应力重分布的范围存在极限长度,当重分布范围全部为塑性区时,煤系地层发生滑动而突出失稳。在地层交界面或煤层中存在弱面地层时,完整性较好的煤层被分隔为不同分层,在巷道尺寸相对降低的同时煤层发生平动滑移突出的危险性也增高,这种情况会造成巷道内发生片帮。而在煤岩接触面属性不变的条件下,煤体完整性越好、强度越高,会导致塑性区范围的减小,当煤体发生损伤后,弹性区内的应力水平降低,有利于降低冲击危险性,而厚层条件造成原岩应力水平增大会导致应力重分布范围扩大。两种理论在扰动区分布方面存在一定差异,不过都从理论上证明开挖后巷道周围存在应力增高区。

巷道掘进过程中,巷道断面不断扩大,并最终形成设计的巷道尺寸。图 4-4 所示为开采扰动后煤壁附近的应力演化示意图。在巷道开采过程中,巷壁附近的应力场不断调整并随着巷道尺寸的确定而逐渐接近稳定受力状态,在此过程中,煤壁附近应力不断增高,若此过程中峰值应力未超过煤体破坏强度,则煤壁附近保持稳定,而峰值应力点附近的塑性带范围与最终巷道稳定后的应力水平有关,由组合体接触面附近的强度改变规律可知[145-147],接触面上岩体强度降低、煤体强度升高,当接触面与煤岩体为连续接触时,则塑性破坏发生于接

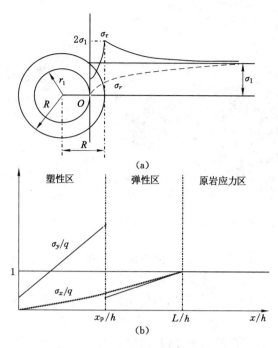

图 4-3 巷道周边应力分布示意图

(a) 基于极限平衡理论圆形巷道周围应力分布；(b) 基于 Lippmann 冲击失稳理论的应力分布

触面下方,结合本章第 1 节可知,在煤体下部有效应力总和趋向于更大的情况下,塑性区的演化从煤体下部开始发育,并逐渐向周围扩展。而在巷道断面不断扩大的过程中,若某一时刻的巷道尺寸下煤体内的应力已超过其强度极限,则自该时刻开始,随着巷道的扩面煤体内的塑性区范围不断扩大,极端情况下,巷道自开挖开始煤壁就开始破坏,则在煤壁周围出现破裂区和塑性区,破裂区基本丧失承载力。

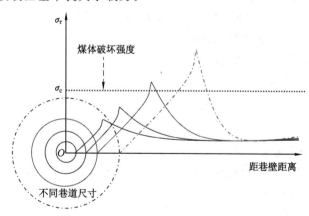

图 4-4 开采扰动后煤壁附近的应力演化示意图

图 4-5 所示为应力叠加效应与塑性区发育诱发端头区失稳的示意图。不考虑开采影响,工作面前方的应力分布与巷道周围应力分布相似,这就造成端头位置(巷道与工作面交汇处)的应力叠加效应。事实上,从开采空间周围的原岩应力重分布而言,应力二次分布后在峰值点达到最大,当峰值点低于煤岩破坏强度时,煤岩体保持相对稳定。而工程中的应力

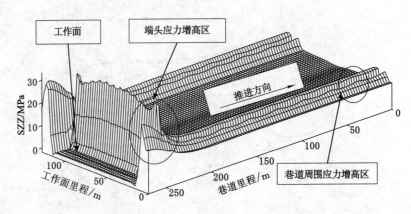

图 4-5 应力叠加效应与塑性区发育诱发端头区冲击失稳示意图

分布并非以单点分布为主,而是在应力峰值点附近存在一段应力增高范围,当该范围内的应力重分布值高于煤体破坏强度时,该范围内的煤体发生破坏,从而形成一定范围的塑性破坏区域。在端头位置,由于巷道与工作面周围的应力叠加效应,使得端头位置一定范围内首先出现塑性区,工作面慢速开采时,塑性区逐渐形成,并在形成过程中发生能量耗散,外界传递给煤层的多余能量能够有效释放。而在快速开采条件下,塑性区内能量耗散的速度降低、输入能量速度加快,造成多余的能量可能以动能的形式释放,造成巷道周围存在冲击危险性。在不考虑推进速度时,工作面前方塑性区范围以端头附近最大,向前方逐渐减小,而在多巷交汇条件下,多巷交汇附近煤岩体也存在应力叠加效应,在工作面末采时,端头超前应力叠加区与多巷交汇应力叠加区逐渐接近并贯通,从而整个巷壁都处于突出危险之下。需要补充的是,塑性区由高于煤体破坏强度的峰值应力区所造成,塑性区以内煤体承载能力降低,但在巷道边界及塑性区之间,煤体仍然具有一定结构承载力,因此,峰值应力点附近的塑性带发育后会随着煤岩系统的应力再次调整,在此过程中能量输入和输出,当输入煤体系统的能量在短时间内集中释放时,则可能导致冲击地压。从极限平衡理论及改进的 Lippmann 冲击失稳理论可以看出,坚硬地层条件造成塑性区峰值点距离巷壁较近,而坚硬地层通过变形破坏释放能量的能力要低于软岩流变的能量释放率,坚硬顶板更容易积聚能量而突然释放,从而造成硬岩条件下容易发生冲击地压。

4.2.2 厚硬顶板下临空煤柱内的塑性区演化

统计表明,临空煤柱侧巷道是冲击地压的高发区域,图 4-6 所示为临空煤柱应力及塑性区演化示意图。结合前文的分析可知,临空煤柱在开采过程中经历多次扰动,不同开采阶段内的扰动相互叠加,造成临空煤柱内的应力频繁调整重分布,根据不同阶段,临空煤柱内的扰动可主要分为以下几个阶段:

第一阶段:巷道开挖扰动

此阶段煤柱并未临空,煤柱内的应力分布与巷道周边应力分布基本相同。

第二阶段:上一工作面回采扰动

坚硬顶板条件下,煤层回采后坚硬顶板首先悬顶,造成工作面两侧煤柱成为受力主体,工作面长度对应巷道宽度,造成煤柱内的高应力集中,不同回采阶段的悬顶造成煤柱沿巷道方向分区域高应力集中。坚硬顶板垮落后,垮落岩体与煤柱共同承担顶板载荷,此时在煤柱

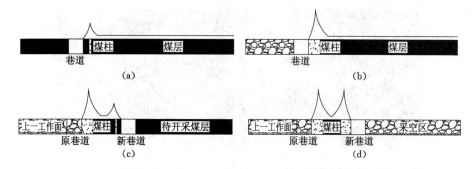

图 4-6 临空煤柱应力及塑性区演化示意图
(a) 巷道开挖一次扰动；(b) 开采一次扰动；(c) 巷道开挖二次扰动；(d) 开采二次扰动

内出现应力调整。

第三阶段：下一工作面巷道开挖扰动

下一工作面开挖后，造成煤柱内的应力增高，此时掘进位置若与回采位置相重合，则煤柱失稳风险加大。

第四阶段：下一工作面回采扰动

下一工作面回采时，两巷间煤柱逐渐处于双侧临空状态，坚硬顶板悬顶造成与第二阶段扰动相似的应力叠加，使得煤柱内塑性区范围增大。在上一工作面顶板已经垮落条件下，下一工作面的单侧临空条件同样会造成煤柱内不同阶段的应力集中和塑性区发育。

可见，临空煤柱在整个回采过程中会经历多次扰动，若每次扰动均造成不同程度的塑性区发育，则在多次扰动之后，煤柱内发育有多条塑性带，煤柱的承载力将大大降低。此时，不仅其本身容易发生重力型冲击失稳，在外载诱发时，煤柱侧的冲击危险性也要高于实体煤侧煤壁。当临空煤柱瞬时失稳后，会造成巷道两侧受力不均，从而导致实体煤侧也会发生不同程度的动力显现。

4.2.3 基于钻孔窥视技术的煤岩体分区破坏实测

山西某矿首采工作面煤层平均厚度 7.45 m，采用综放开采，其中采高 3.5 m，采放比为 1.13，区内构造简单。为获得切眼及巷道周围煤岩体的破坏情况，采用 YSZ(B) 钻孔窥视仪对巷道及切眼不同位置的煤岩体破坏情况进行现场观测，巷道尺寸宽×高＝5 m×3.5 m、切眼尺寸宽×高＝9.5 m×3.5 m。每间隔约 50 m 设置一观测测站，同一测站观测两帮及顶板的破坏情况，钻孔深度为 6～10 m，巷道布置 5 个测站，切眼布置 4 个测站，共需在两帮打孔 18 个、顶板打孔 9 个。

图 4-7 所示为巷道与端头交汇处首测站煤帮钻孔窥视图。根据钻孔窥视结果可知，三个破碎带相对煤壁的距离分别为 2.5、1.73、1.12 m，越靠近煤帮，破碎区的破碎程度越严重。破碎区域的煤体较为松散，单个破碎带的范围为 0.05～0.1 m。相邻破碎带之间，煤体的完整性保持相对较好，局部出现环状裂隙。

表 4-1 和表 4-2 分别为巷道和切眼内的钻孔窥视结果。总的来看，顶板的稳定性整体较好，而煤壁内部则会出现一定程度的破坏区。在巷道内，最大松动范围出现在切眼与巷道交汇处附近，该位置表现出多层松动的现象。距离切眼越远，松动圈数有减小的趋势，松动范围亦表现出缩小的趋势。在切眼内，围岩松动圈尚未完全发育，仅个别钻孔观测到围岩松

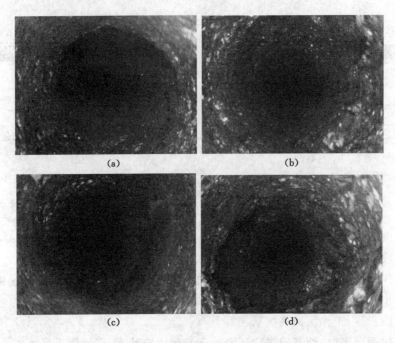

图 4-7　首测站煤帮典型钻孔窥视图
(a) 距煤壁 1.12 m 首个松动破碎带；(b) 距煤壁 1.73 m 第二个松动破碎带；
(c) 中部相对完好带；(d) 距煤壁 2.5 m 第三个松动破碎带

动圈。但靠近端头位置，受应力集中影响，靠近煤壁处裂隙较为发育。分析认为，一方面，由于切眼成巷时间较短，围岩松动圈尚未完全发育；另一方面，顶板结构较为完好，而煤的破坏强度较低，造成煤壁附近容易发生失稳破坏。

表 4-1		巷道钻孔窥视结果		
距切眼距离/m	顶板/m	煤帮/m	柱帮/m	备　注
0	0.8	2.5,1.73,1.12	1.414,0.707	多层松动
50	0.9	0.8,0.32	1.2,0.7	
100	1	0.707,0.283	0.65,0.45	
150	无	0.87	0.69	
200	无	1.74,0.77	0.88	柱帮裂隙发育

表 4-2		切眼钻孔窥视结果		
距端头距离/m	顶板/m	前帮/m	后帮/m	备　注
0	无	煤壁破碎	0.55	临近端头
55	无	无	无	
125	无	无	0.34	后帮靠近硐室
180	无	1.1	0.75	临近端头

钻孔窥视结果表明，端头位置的松动破坏范围较大，与前文分析的该位置容易因应力叠

加而出现高应力集中相吻合。实测中发现松动范围以小范围的破坏带出现,越靠近煤壁破坏带越大,而远离煤壁处两破坏带中间煤体相对较为完整。由于煤体的非均匀性和巷道开挖过程中施工的不确定性,造成沿开挖空间两侧破坏带的非均匀分布,因此在实际观测中,在增加观测数量的基础上,还应注意对地质异常区的观测。

4.3　厚层坚硬地层中的动载扰动

从实际情况来看,开采扰动造成煤壁附近应力升高是地下开采过程中普遍存在的现象,这一点并不区分该矿井是否为冲击地压矿井,煤体内塑性区的发育会降低煤体的承载力,但煤体并不因承载力的丧失而全部表现出冲击失稳特性。因此,动载扰动成为诱发冲击失稳的重要因素。本节在分析应力波传播特性的基础上,重点分析动载扰动的来源及其冲击效应,为冲击地压防治提供理论基础。

4.3.1　应力波在地层中的传播及影响

应力波是指应力在介质中的传播,固体介质中的应力波包括弹性波、黏弹性波、塑性波、冲击波等类型。黏弹性各向同性介质条件下,黏性介质基于开尔文模型时,可分别获得单点应力波所传播的应力[151]。纵波(P 波)传播方向及垂直于传播方向的应力分别为:

$$\sigma_x = -AE\left[\sqrt{\alpha_P^2 + 2\eta^2 k_P^2 \omega^2 + k_P^2 + 2\eta k_P \omega(\alpha_P - k_P)}\right] e^{-\alpha_P x + i\left(\omega t - k_P x + \arctan\left(\frac{\alpha_P - k_P \omega}{\alpha_P + k_P \omega}\right)\right)} \quad (4\text{-}22)$$

$$\sigma_y = -\nu AE\left[\sqrt{\alpha_P^2 + 2\eta^2 k_P^2 \omega^2 + k_P^2 + 2\eta k_P \omega(\alpha_P - k_P)}\right] e^{-\alpha_P x + i\left(\omega t - k_P x + \arctan\left(\frac{\alpha_P - k_P \omega}{\alpha_P + k_P \omega}\right)\right)} \quad (4\text{-}23)$$

$$k_P = \sqrt{\frac{\rho E \omega^2}{2(E^2 + \eta^2 \omega^2)}\left(\sqrt{1 + \frac{\eta^2 \omega^2}{E^2}} + 1\right)} \quad (4\text{-}24)$$

$$\alpha_P = \sqrt{\frac{\rho E \omega^2}{2(E^2 + \eta^2 \omega^2)}\left(\sqrt{1 + \frac{\eta^2 \omega^2}{E^2}} - 1\right)} \quad (4\text{-}25)$$

横波(S 波)沿传播方向及垂直于传播方向的应力分别为:

$$\sigma_y = -AE\left[\sqrt{\alpha_S^2 + 2\eta^2 k_S^2 \omega^2 + k_S^2 + 2\eta k_S \omega(\alpha_S - k_S)}\right] e^{-\alpha_S x + i\left(\omega t - k_S x + \arctan\left(\frac{\alpha_S - k_S \omega}{\alpha_S + k_S \omega}\right)\right)} \quad (4\text{-}26)$$

$$\sigma_x = -\nu AE\left[\sqrt{\alpha_S^2 + 2\eta^2 k_S^2 \omega^2 + k_S^2 + 2\eta k_S \omega(\alpha_S - k_S)}\right] e^{-\alpha_S x + i\left(\omega t - k_S x + \arctan\left(\frac{\alpha_S - k_S \omega}{\alpha_S + k_S \omega}\right)\right)} \quad (4\text{-}27)$$

$$k_S = \sqrt{\frac{\rho \mu \omega^2}{2(\mu^2 + \eta^2 \omega^2)}\left(\sqrt{1 + \frac{\eta^2 \omega^2}{\mu^2}} + 1\right)} \quad (4\text{-}28)$$

$$\alpha_S = \sqrt{\frac{\rho \mu \omega^2}{2(\mu^2 + \eta^2 \omega^2)}\left(\sqrt{1 + \frac{\eta^2 \omega^2}{\mu^2}} - 1\right)} \quad (4\text{-}29)$$

式(4-22)至式(4-29)中,A,ω,α 分别为相应应力波的震动波幅、震动频率、应力波在介质中的衰减系数;ρ,E,η,μ 分别为传播介质的密度、弹性模量、黏性系数、泊松比;t 为应力波传播后的某一时刻。

可知,应力波在传播过程中逐渐衰减,初始时刻应力波所造成的应力最大,对于某一固定传播介质,应力波传播的应力大小与初始应力波的振幅呈正相关。而对于不同的传播介质,应力大小与介质的弹性模量呈正相关,也就意味着对于完整性较好的岩体,应力波在其中传播时损耗的能量更少,能够向前方传递更大的应力,厚层坚硬地层中的冲击地压一定程度上与动载应力波传播过程中能量损耗较少有关,开采引起的应力增高区与应力波传递的应力相叠加,造成已经处于塑性区的煤体突出失稳。

文献[151]深入探索了应力波与围岩应力的叠加关系。实际上,由于应力波的震源不同,造成应力波并非全部以单点应力波的形式传播,而且应力波在传递过程中还会存在反射、叠加等效应,天然应力波不仅在煤岩中传播,还会在空气及其他介质中传播,造成工程中应用应力波较为困难。下文结合造成应力波的动载扰动源,分析其相应的冲击效应。

4.3.2 厚层坚硬地层中的动载扰动源及其冲击效应

已有研究表明,动载扰动源主要包括爆破、顶板运动、断层活化、天然地震等因素[1,25]。其中,天然地震属不可抗拒因素,因此本书主要考虑人力可控动载扰动源的冲击效应。

爆破后,炸药爆炸直接释放爆炸应力波并产生爆生气体,造成爆破近区煤体破碎,爆破远区存在逐渐衰减的应力波[152]。当不同时刻前后两个应力波的应力差高于煤体破坏强度时,煤体发生破坏。随着后续震动波的不断传播,在煤体中形成大致平行的裂纹[1]。同时,由于爆炸波为空间波,会产生水平方向的应力波,造成近煤壁处塑性区内煤体突出。由局部失稳进而导致一定距离的煤壁发生连锁失稳,造成冲击地压。冲击失稳发生时,伴随着煤壁从煤体中脱离并抛落到巷道底板,在该过程中有突出煤壁的劈啪声和落向底板后造成的震动效应。因此,现有的爆破防治冲击地压技术一般以深孔爆破为主,以使得爆炸波在形成有效破碎区的同时能够在煤岩体中逐渐衰减,从而降低爆破导致煤壁附近的应力叠加效应和煤岩体突出危险。

顶板运动包括多种形式,当顶板运动较为缓和时,此过程中多余能量有足够时间耗散,一般不会造成动压事故。坚硬顶板条件下,顶板运动一般包括切顶垮落、回转垮落及上部岩层垮断等,如图 4-8 所示为坚硬顶板运动的基本形式。

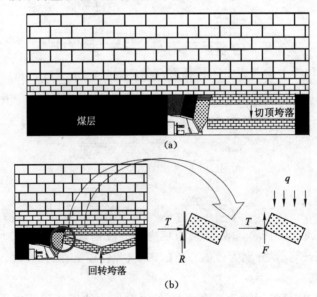

图 4-8　坚硬顶板运动的基本形式

(a) 切顶垮落;(b) 回转垮断

顶板垮落过程中会压缩采空区的气体,由于采空区处于相对封闭的环境,顶板在短时间内压缩气体造成气体具备一定速度并冲出采空区,根据研究,冲击气体在巷道的初始速度为

v_0 时，距离巷道 L 处的冲击速度为 v，则有[153]：

$$v = \frac{\sqrt{\left(\frac{2\lambda L}{d}\right)^2 - 4\left(\frac{\lambda L}{d} + 1\right)\left(\frac{\lambda L}{d} - 4\right)} - \frac{2\lambda L}{d}}{2\left(\frac{\lambda L}{d} + 4\right)} v_0 \qquad (4\text{-}30)$$

式中，λ 为无因次比例系数；d 为巷道宽度。

可以看出，冲击气体从采空区冲出的初始速度越大，造成冲击气体在巷道中传播时其速度也越高、携带的动能越大、对巷壁的切割作用越强，从而有可能造成处于极限状态的煤体发生冲击失稳。厚层坚硬地层条件下，坚硬顶板易于长距离悬顶，厚煤层开采悬顶高度较大，且顶板密度越大，顶板压缩空气过程中传递给空气的初始能量就会越高，从而冲击危险性增大。

顶板同转垮落时虽然也会对采空区的气体进行压缩，但由于压缩的范围减小、两回转岩梁相互作用，造成顶板回转垮断时压缩气体并形成气体冲击波的危险性降低。但在一定条件下，顶板岩梁回转时的初始位置会向煤壁深部转移[154]，造成顶板回转垮断时对岩梁前方煤岩体施加力的作用。根据三铰拱理论，顶板岩块滑落失稳时达到极限平衡状态，剪切力大于摩擦力后结构滑落失稳，并在回转失稳过程中对周围煤岩体造成压缩和反弹[148]，从而向工作面上方顶板传递水平力并增加垂直载荷，垂直载荷与支承应力升高区相叠加会加重塑性区发育，降低煤体塑性区的承载力，而水平力则有可能造成煤岩体在交界面发生滑移，滑移过程造成巷道或工作面周围煤岩体发生结构失稳并诱发冲击地压。同时，顶板失稳垮落过程一方面增加工作面前方的垂直载荷，在煤体失稳前应力传递给底板，造成底板失稳鼓起；另一方面，顶板垮落砸向采空区底板，也会增加底板的瞬时载荷，有可能诱发冲击失稳。顶板切顶垮落和回转垮断与来压期间冲击危险性增强相一致，说明两者动载扰动诱发冲击失稳具有一定可信度。由于来压过程并非发生于某一时间点，而是发生在某一时间段，造成来压前后及来压阶段均有可能发生冲击危险。

上部岩层垮断与断层滑移所造成的冲击失稳与顶板运动相似，一方面可增加极限平衡区内煤岩体的垂直载荷，另一方面向与其接触的岩体施加水平力，促进岩层沿水平方向滑移。

4.4 厚层坚硬煤系地层冲击地压防治策略

4.4.1 巷道冲击地压的宏观变形破坏特征

第 2 章统计调研表明，冲击地压较多地发生在巷道。图 4-9 所示为忻州窑矿一次冲击地压发生后的现场事故图，本次事故发生在正在开采的工作面临空巷道，事故发生后临空巷道自工作面开始约 110 m 范围受到冲击地压影响，其中，超前应力区 50 m 范围受冲击地压影响严重，整个巷道底鼓量最高达到 1.2 m，顶煤下沉最大处达到 1 m，由于底鼓、顶板下沉、片帮等影响，巷道断面缩小、通风受阻，超前支护段 2 根单体柱折弯，10 根单体柱冲击后倾斜。此次冲击共突出煤炭 30 t，底板冲出岩石 27 t。根据微震监测，此次冲击事故的能量达到 2.1×10^6 J。该巷道超前支护段此后又发生多次冲击地压事故，每次事故一般伴随有底鼓、片帮、顶煤冒落、单体柱受损、煤壁响动等现象。

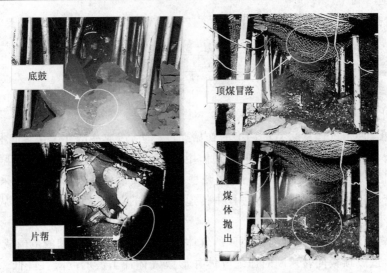

图 4-9　巷道冲击地压的宏观变形破坏特征

从宏观变形而言,底鼓、片帮、顶煤冒落是冲击地压显现过程中较为常见的宏观变形破坏特征。顶板岩石虽然也会参与冲击显现过程,但厚煤层开采过程中在巷道范围内直接见到顶板的事故相对较少。从已有的事故分析来看,在一些矿井巷道顶部直接为顶板时,冲击过程中顶板与煤层的接触面有时会留下红色擦痕,表明顶板在冲击过程中发生了水平滑移。就巷壁片帮而言,一方面可能源于顶板载荷突然增加造成煤壁失稳,另一方面可能与应力波沿水平方向的动载扰动有关。同时,冲击地压过程还会出现底鼓、单体柱折弯等现象,说明冲击过程中存在垂直方向的应力突增。而顶煤冒落有可能受到顶板水平滑移影响,造成金属网结构破坏,超前应力区顶煤在自重应力下出现脱落。从现场的事故图也可以看出,虽然顶煤出现一定量冒落,但金属网对顶煤仍然具有一定约束力。因此,单纯高垂直应力和垂直应力与水平应力共同作用都有可能导致冲击失稳。

4.4.2　厚层坚硬煤系地层冲击地压机理及防治策略

综合冲击地压现场的宏观变形特征及前述的研究内容,可以将厚层坚硬煤系地层冲击地压机理概括为:煤层开采后,开采空间附近应力重分布,其中在巷壁附近存在一高应力范围,当应力峰值超过煤体破坏强度时,首先在煤体中自下而上形成塑性破坏区,根据不同的应力环境,塑性破坏区有可能发育到煤壁,也有可能仅以塑性带的形式出现在煤体中,对于后者,塑性带两侧的煤体依然具有一定承载力。在垂直载荷居高不下时,塑性带不断发育并形成一定范围,煤体既有可能在垂直载荷作用下直接失稳,也有可能在动载扰动影响下失稳,前者类似于单轴压缩实验条件下的组合体破坏,而后者则有动载扰动所造成的应力叠加效应。不同形式的动载以应力波的形式在煤岩体中传递,应力波传递到塑性区范围时与原有应力相叠加,造成开采空间内的煤岩体冲击失稳,其中,底鼓与垂直方向应力增加有关,而片帮、顶煤冒落既有可能是垂直应力作用,也有可能是水平应力作用,或者两者兼而有之。厚层坚硬地层对冲击地压的影响体现在三方面,其一是促使开采空间周围的应力集中有靠近煤壁的趋势;其二是塑性带以外的煤体具有一定完整性和承载力,从而能够保证其在出现塑性带后不发生冲击失稳;第三是厚层坚硬地层条件下动载扰动的扰动力更大、更强,扰动过程中传递更大的力和更多的能量,造成失稳过程突然、急剧。

　　根据上述机理可知,对于单纯高垂直应力所造成的失稳破坏,可破坏塑性区的连续范围,如开设卸压硐室或打卸压钻孔等;或通过弱化煤岩体的属性使其高应力状态得以缓解,并将煤体中积聚的能量缓慢释放,如煤层注水技术;也可改善巷道的支护条件,以高强支护抵抗高应力状态,或以吸能耦合支护释放煤岩体中的能量。对于动载扰动诱发的冲击失稳,一方面可以消除动载扰动源的影响,如采用充填或注浆的形式限制顶板运动和断层滑移;另一方面,也可人为控制动载扰动源的扰动发生时间,使动载扰动源能够以对回采无影响的扰动形式释放扰动,如利用爆破或水力割缝进行强制放顶。

5 地质赋存与采动影响下的冲击危险性评价

冲击危险性评价是减少冲击地压事故的重要前提,本章在综合分析冲击危险性评价现状的基础上,提出在不同开采阶段,根据各阶段不同主控因素进行冲击危险性评价,开采前以地质赋存条件作为主要评价内容,开采后综合考虑采动与地质赋存条件的影响。结合忻州窑矿 903 盘区 8933 工作面的工程背景,研究了该面开采过程中的冲击危险性。

5.1 冲击危险性评价概述

冲击危险性评价是防治冲击地压的重要内容,通过对具体地质条件下冲击危险等级进行划分并采取相应措施进行防治,不仅可以更为科学合理地控制生产成本,还能降低冲击地压所造成的损失。对冲击地压机理的研究,其目的也在于通过理清冲击地压的机理进而预测冲击地压的发生概率,通过冲击危险性评价并采取相应措施以降低冲击危险性。众多学者根据不同的研究视角,从定量和定性两方面提出过多种冲击危险性评价方法,简述如下:

(1)定量评价。定量评价的最大特征在于通过设定具体的阈值,从而更为明确地判断冲击危险性的等级。如:基于稳定性系数和应变能密度的冲击危险性预测方法;变权模糊评价;冲击倾向性评价指标方面,建立了煤的动态破坏时间、弹性能量指数、冲击能量指数、单轴抗压强度、岩石的弯曲能量指数、弹性变形指标、能量指数、有效冲击能指标、脆性系数、刚度比指标、蠕变柔性系数、脆性指标修正值、有效能量冲击速率以及基于上述指标的权重分配综合评价等方法;基于地质因素及开采技术因素的综合指数法;基于冲击倾向性、地质因素、开采技术条件的未确知测度方法;冲击能量速度指数、冲击临界软化系数、冲击临界应力系数;认为震动波波速反映煤岩体强度、能量、动载诱冲条件并通过震动波波速异常系数及波速梯度变化系数划分冲击危险区域的震动波 CT 探测技术;依据开采深度、应力水平、构造运动速度、断裂构造距离、顶板厚度及强度、邻区及本区冲击历史等所确定的地质动力区划分方法;基于围岩硐壁最大主应力、最大切向应力、岩石单轴抗压强度、抗拉强度、弹性能指数、耗散应变能的岩爆五因素综合判据及岩爆分级法;利用煤体的最小破坏应力与煤样的单轴抗压强度建立的临界冲击应力值法;基于自重应力、残余采动应力、构造应力、采动应力、单轴抗压强度的应力叠加判别法;基于集对分析、盲数、Fisher 判别法、突变级数、随机森林模型等数学方法建立的冲击危险性预测及分级方法等[5,155-165]。概括起来,这些方法一般选择地质因素、开采因素等条件中的若干项建立相应的判别准则,定量评价的优点在于可以通过非常明确的区分度来划分冲击危险水平,但缺点是面对不同矿井复杂的地质赋存条件和开采技术等因素,往往不同判别方法的主控因素要发生变化,进而影响到相应因素在同一判别方法中所占的比例,甚至不同方法有时会得出不同的结论。由于煤矿开采活动是一个不断变化的动态过程,定量化评价往往着眼于静态条件下的冲击评价,实际生产还要考虑生产成本问题,造成部分矿井将一次性定量评价作为整个工作面生产期间的判定准则,而没有根据实际情况进行及时调整,这也造成部分矿井的冲击地压事故。

（2）定性评价。定性评价往往与定量评价相结合,如根据不同定量评价所划分的等级,将冲击危险性定性地描述为不安全、强冲击、中等冲击、弱冲击、无冲击等类型。综合指数评价法对于不同的冲击等级给出了施工建议,如无冲击时可以进行正常生产,而在弱冲击时则要加强冲击危险性的监测,中等冲击危险时需要采取相应的解危措施,强冲击危险时要撤出人员并进行技术攻关,不安全时不仅要采取措施,还要经过专家鉴定后方可恢复生产。在对上述众多定量化评价方法的调研中发现,虽然各种定量化评价方法都划分了不同的定性评价水平,但除综合指数评价法较为明确地指出不同冲击危险水平需要采取相应的对策外,其他评价方法一般较少涉及不同冲击等级的应对策略,一些学者关注较多的还是所提出方法在数值上精度的提高,而没有意识到实际工程问题需要通过不同等级的划分并采取相应应对策略。特别是对于工程实践而言,冲击地压频发矿井的冲击危险性高于中等冲击危险后其结果往往是发生或不发生这两种非黑即白的结果,针对不同评价结果采取怎样的防治措施、要达到什么样的效果、怎样对比和评价不同冲击等级下的解危措施等依然是工程实践迫切需要解决的问题。

特别是对于工程问题而言,从矿井建设到连续生产,这一过程所涉及的是煤矿生产过程的系统工程。尽管诸如合理的开拓布置、防止留设孤岛煤柱、避免孤岛工作面、适当降低推进速度等建议已经被提出,但对于煤矿而言怎样在既定的地质条件和动态的采动条件下评价冲击危险性,依然需要根据生产实践确立采动地质影响下系统的冲击危险性评价方法。与以往较多关注提高冲击危险性数值的预测精度及针对某一方面的冲击危险性相比,本书主要从系统工程角度考察采矿从建设到生产周期内的冲击危险性评价,其中具体的评价方法参考已有技术。

5.2 地质赋存与采动影响下的冲击危险性评价

煤矿在地下开采过程中,先后经历了井田开拓和矿井开采设计及施工、准备方式选择和采区设计施工、采煤方法的选择及回采接替等阶段。从整体上看,前两个阶段所受到的开采扰动较小,属于煤矿生产周期中正式投产前的准备阶段,这一时期的冲击危险性主要来自于在原岩应力场中掘进巷道所造成的应力演化,原始的地质赋存条件对冲击危险性有重要影响,因此,在这一阶段主要基于地质赋存条件进行冲击危险性评价。煤矿投产后,随着煤炭的不断采出、采空区的不断扩大、覆岩的不断运移、应力的不断转移和积累等,在既定的地质条件下虽然地质因素依然扮演重要角色,但这一时期采动影响不断破坏地质条件,造成地质条件发生改变,采动影响与地质演化相耦合,不仅造成冲击危险性增高,还增大了冲击危险性的预测难度。因此,在这一阶段,主要考虑采动因素与地质条件耦合下的冲击危险性。根据不同的生产阶段选择不同的防冲评价方法,不仅可以避免矿井在生产过程中突发冲击地压,而且可根据生产周期的不同建立冲击危险性的系统评价,还有利于后续的安全生产。

5.2.1 基于地质赋存条件的冲击危险性评价

在回采前进行冲击危险性评价,主要以调研和实测等手段获得的地质资料为主。结合已有评价方法,笔者将所考察的地质因素分为主要影响因素（主因素）和亚影响因素（亚因素），其中，主因素对于冲击地压的孕育形成具有重要作用，而亚因素在非特别显著情况下一般难以单独诱发冲击地压，但在满足主因素的条件下可能加剧冲击危险，因此，提出回采前基于地质条件的主亚因素评价法。

本书第 2 章结合部分实测数据探讨了煤系地层地质赋存条件与冲击地压的相关性，并认为在所有地质条件中厚层坚硬地层居于核心地位，同时认为高地应力对于冲击地压形成具有重要作用。因此，在回采前的冲击危险性评价，将厚层坚硬煤系地层和高地应力这两个因素作为主因素，而将其他地质因素视为亚因素。定量化评价一般基于统计规律或数学方法得出相应的判别指标，就主因素而言一般可从以下几个方面进行判别：

（1）煤系地层的厚度

煤系地层的厚度表现为两个方面，其一是单层煤系地层的厚度达到厚层标准，即所评价地层的厚度大于统计冲击地压矿井的煤系地层相应地层的平均厚度；其二是距离煤层较近且对回采产生重要影响的顶板与煤层的厚度比达到统计冲击地压矿井的判别标准。

（2）煤系地层的坚硬程度

① 煤层的坚硬程度可参考冲击倾向性判定中煤样的单轴抗压强度，认为煤的单轴抗压强度大于 7 MPa 时煤层达到坚硬程度；② 顶板岩层的坚硬程度建议以统计的冲击地压矿井顶板单轴抗压强度等参数的平均值为参照标准，所评价的顶板应该是距离采煤工作面较近且对回采产生较大影响的顶板，如直接顶、基本顶、关键层等地层；③ 同时，在煤层强度满足坚硬的基础上，在冲击地压矿井统计数据的基础上引入顶板与煤层的单轴抗压强度比，用以描述顶板相对于煤层的坚硬程度。其中，①、②同时满足时认为具备冲击危险性，当同时满足③时，冲击危险增大。

（3）高地应力水平

高地应力环境往往对地下工程造成不利影响，而关于高地应力的定量化描述虽然已有多种探讨，但目前尚未形成统一的共识。特别是在工程硬岩条件下的高地应力环境往往要比煤矿的地应力水平高，造成煤矿对高地应力的定量化描述并未形成统一意见。煤矿高地应力的判定方法可以参考有关高地应力的研究[166-168]，从地应力的大小、不同方向地应力的比值、实测地应力与理论条件下地应力大小的差值或比值等角度在广泛调研国内外冲击地压矿井地应力资料的基础上建立相应的判别标准。达到相应的应力水平时，认为达到高应力状态。在实际应用中，地应力大小的非连续、剧烈波动现象也应引起足够重视，特别是当地应力波动到较高水平时，说明井下局部可能存在冲击危险。对于深部开采原岩应力大、构造活动剧烈造成应力高等情况，在考察高地应力水平时也应予以考虑。

在上述三个因素中，从定性角度而言，厚层坚硬煤系地层作为一个影响因素，需同时具备厚层与坚硬两个条件方能成为主因素，只具备其中之一时不能成为主因素。当上述三个条件同时满足时，认为矿井具备冲击危险性，在开拓、准备等阶段都要将冲击地压因素考虑在内。而如果不满足或只满足部分条件，则需要在进入回采后结合其他地质因素及掘进期间的扰动情况进行综合判断。第 2 章将地层倾角、开采深度、瓦斯及气流、水文条件、地震等因素作为亚因素，如开采深度可能影响地应力水平，但在地应力水平可以确定的情况下，则使用地应力来表征冲击危险性要优于开采深度。其他地质因素对冲击地压的影响相对较弱，需结合具体工程背景进行定性分析，最终确定矿井的冲击危险等级。开采前确定矿井的冲击危险等级，主要用于减少后续采动影响与地质因素叠加造成的冲击危险性增大。如，若矿井被确定具有冲击危险时,则在开采设计时应尽量做到:① 减少冲击危险区域多巷交汇出现;② 避免留设孤岛工作面,特别是工作面多面临空;③ 控制采掘速度,避免高强度快速开采、避免采空区顶板未进入稳定阶段就进行邻面的连续开采;④ 及时处理采空区顶板,避免厚层坚硬顶板长距离悬顶;⑤ 提高临空区、超前支承压力区、构造异常区的支护能力;⑥ 减少爆破扰动;⑦ 审慎采用分层开采;⑧ 煤层群及近距离煤层开采时,合理规划开采顺序等[157,169-170]。同一矿井浅部煤层出现冲击地压后,一般后续深部开采时也应按照有冲击危险性来进行生产管理。因此,在进行冲击危险性评价时应按照煤系地层从上至下的顺序进行。

5.2.2　采动影响下的冲击危险性评价

在既定地质条件下,某一采面的地质条件基本处于稳定状态,开采活动对地质体的原岩完整性及连续性造成破坏,从而使得煤岩体处于断续状态。采动影响下,煤系地层中的应力场二次分布,造成不同回采阶段不同位置的应力场随开采活动而变化。此时,煤系地层的基本构成已经确定(如厚、硬、构造等原岩地质条件等已经确定),高地应力演化成为影响冲击地压的重要因素,因此,在采动影响下,应结合地质赋存条件与开采条件对煤系地层中的应力重分布进行评估,根据评估结果确定高应力集中区、应力易突变升高区等容易孕育冲击地压的高地应力范围,并按照应力水平和演化阶段将其划分为不同的冲击危险等级。对于一些已经形成特定开采条件的工作面,如具备孤岛、过断层、构造发育等特点的工作面,在冲击危险评价时应重点对可能诱发高应力环境的因素展开评价,评价的方法可采用现场观测、理论分析、相似模拟、数值模拟等手段。由于不同矿井在采动过程中各影响因素对冲击地压的贡献并不相同,不同地质条件下相同地质体的作用也很难采用同样的评价标准,因此,在采动影响下的冲击危险性评价,应结合具体地质条件下的开采实例展开。一些基于地质条件与采动因素的定量化数学评价方法虽然能提供一定参考,但在实践中还是应具体问题具体分析,结合实验、实测、理论计算等数据相互印证,形成可信的冲击评价结果。对于在采动过程中没有发现高应力情况,但出现过甚至频繁出现煤炮、板炮等动力现象,也要引起重视,煤炮频繁发生时,也应作为冲击危险区域管理。

采动过程中的冲击危险性评价,其评价主影响因素是采动下应力重分布所形成的高地应力,既包含应力重分布后的高应力水平,也包括应力重分布过程中可能出现的高应力增速,前者主要以静载的形式对煤岩材料造成直接破坏,后者以扰动或动载的形式造成煤岩体从结构到材料的双重失稳。地质因素与开采条件在此过程中属于亚影响因素,而高应力水平和高应力增速则为主要影响因素,亚因素参与评价过程,主因素决定评价结果。在采动条件下主因素的评价方面,吴冲龙、姜福兴等从不同角度提出过不同的应力叠加计算方法[162,171-172],这些方法为高应力的评价提供一定借鉴,但由于煤岩体本身非均质、断续等特征,不同类型的应力是否以线性方式叠加还有待于进一步考虑,目前关于应力叠加方面还没有形成完全可信可用的结论,因此,在实际评价中还应结合矿压观测、煤体应力演化、煤体结构发育、顶板运动特征等具体分析。

在冲击危险区划分完毕后,回采过程中不仅要加强动力灾害前兆信息的监测,还应针对高冲击危险区域采取有针对性的解危措施,并对解危效果及解危后的冲击危险性进行二次评价[173-174]。通过冲击危险区划分、防冲措施的制定和实施、防冲效果的检测及冲击危险再评价等几个步骤,建立冲击危险矿井冲击危险区域的动态评价体系。

5.3 忻州窑矿地质赋存条件对冲击地压的影响

5.3.1 忻州窑矿煤系地层赋存及采动条件概况

忻州窑矿位于大同市南郊区,属同煤集团开采近百年的老矿井,地面为低山丘陵黄土地貌景观,地形复杂,地面相对高差 204.13 m。井田内含煤地层有石炭系上统太原组和侏罗系中统大同组上、下两套,可采与局部可采煤层有 2^{-1}、2^{-3}、3^{-2}、7^{-3}、8、9、10、11^{-1}、11^{-2}、12^{-1}、12^{-2}、14^{-2}、15 号,共 13 层,其中,10 煤及以上煤层大部分已经开采,目前主采 11 煤。各煤层结构简单,但受成煤地质活动影响,煤层被冲刷现象明显,部分煤层分叉合并频繁,赋存不稳定。忻州窑矿煤层特征如表 5-1 所示,除表中所列基本情况外,11^{-1} 煤在井田中南部与 11^{-2} 煤部分合并,合并层平均煤厚 4.01 m;11^{-2} 煤层在东三盘区部分与 12^{1-2} 号煤层合并,平均厚 6.11 m;北西的西二盘区为 11^{1-2}—12^{1-2} 煤合并区,煤层平均厚 8.74 m。

表 5-1　　　　　　　　　　　　　　　　忻州窑矿各煤层特征

煤层号	煤层厚/m 最小~最大 平均	层间距/m 最小~最大 平均	顶板岩性	底板岩性	夹石层数	赋存稳定性	赋存情况
2^{-1}	$\dfrac{0\sim2.65}{1.12}$		砾岩、砂砾岩、	粉砂岩	1	不稳定	东北大部
		$\dfrac{2.58\sim33.49}{11.22}$					
2^{-3}	$\dfrac{0\sim2.65}{0.95}$		粉砂岩、细砂岩	粉砂岩	1~2	不稳定	东北大部
		$\dfrac{12.95\sim49.35}{30.39}$					
3^{-2}	$\dfrac{0\sim8.90}{1.41}$		细砂岩、中砂岩	粉砂岩、砂质泥岩	1~2	较稳定	东部、西北部
		$\dfrac{24.20\sim54.57}{35.02}$					
7^{-3}	$\dfrac{0\sim2.44}{0.81}$		粉砂岩、砂质泥岩	粉砂岩、细砂岩	1~2	极不稳定	东北部
		$\dfrac{10.12\sim24.29}{14.85}$					
8	$\dfrac{0\sim1.66}{0.52}$		粗砂岩	粉砂岩	1	极不稳定	全井田仅扩区可采
		$\dfrac{7.11\sim34.37}{20.59}$					
9	$\dfrac{0\sim3.20}{1.07}$		细砂岩、粉砂岩	粉砂岩、细砂岩	1	较稳定	全井田,可采区在东部、南部
		$\dfrac{3.55\sim29.07}{14.02}$					
10	$\dfrac{0\sim2.00}{0.82}$		细砂岩	粉砂岩	1	不稳定	全井田,可采区在东、东北部
		$\dfrac{4.83\sim26.74}{11.85}$					
11^{-1}	$\dfrac{0.20\sim3.65}{0.87}$		粉砂岩、碳质泥岩	粉砂岩、细砂岩	1	极不稳定	东、东北部
		$\dfrac{0.65\sim18.63}{5.32}$					
11^{-2}	$\dfrac{0.10\sim5.30}{2.39}$		细砂岩	粉砂岩	1	稳定	北东大部
		$\dfrac{4.00\sim30.15}{13.59}$					
12^{-1}	$\dfrac{0\sim3.40}{1.06}$		粉砂岩	粉砂岩	1~2	不稳定	中、东北部
		$\dfrac{0.87\sim24.90}{7.56}$					
12^{-2}	$\dfrac{0.10\sim2.54}{0.99}$		细砂岩、中砂岩	细砂岩、砂质泥岩	1~2	不稳定	东南大部
		$\dfrac{0.95\sim23.35}{6.96}$					
14^{-2}	$\dfrac{0\sim4.62}{1.44}$		粉砂岩、中砂岩	碳质泥岩、粉砂岩	1~3	不稳定	西南、北东部
		$\dfrac{1.30\sim26.33}{13.49}$					
15	$\dfrac{0\sim10.20}{3.03}$		粉砂岩、细砂岩	碳质泥岩	1	不稳定	东部

结合表 5-1,并根据煤层的平均厚度、最大厚度、层间距、合并层等可以看出,9 煤之上的各煤层仅 3^{-2} 煤出现较厚煤层,且该煤层的平均厚度仅为 1.41 m,因此该煤层整体不满足厚

度条件,但在煤层厚度变化带及厚煤层开采过程中应加强应力监测。自 9 煤向下,煤层厚度有增大趋势,且 9 煤属较稳定赋存,最大厚度达 3.2 m,与上层煤层间距平均为 20.59 m,因此,从 9 煤向下,井田范围内开始符合厚层地层条件。特别是在 11 煤与 12 煤及其合并层内,不仅煤层厚度增大,而且煤层合并后导致层间距累加、顶板厚度增加,煤层及顶板的厚度均符合厚层地层的条件,且 11^{-2} 煤稳定赋存,1982 年对西一盘区 11 煤顶板岩样的单轴测试表明顶板强度均超过 110 MPa,说明 11 煤顶板符合坚硬条件,因此,矿井在 11 煤特别是厚煤层及合并层开采时应充分考虑到可能发生冲击地压危险。同时,9 煤在开采过程中出现煤炮乃至动力冲击失稳现象,间接说明 11 煤具备发生冲击危险的厚硬地层条件。

903 盘区位于忻州窑井田西北部,903 盘区东西长 612 m,南北长 1 400～1 600 m,该区为 11 煤和 12^{-1} 煤合并层,煤层平均厚度 7.95 m,为厚煤层,单翼开采,设计布置 4 个工作面,8933 工作面为该区的第四个采煤工作面,为本书重点研究对象。该工作面由北向南推进,采用综放开采,机采高度 3 m,放煤高度平均 4.2 m,设计采放比为 1∶1.4,放煤步距为 0.55 m,每天推进约 3.87 m。距停采线 14 m 工作面实施收尾工作,从此位置开始顶煤不回收。该工作面共布置五条巷道,其中,运输巷(2933 巷)及回风巷(5933 巷)沿煤层底板掘进,两条用于顶板预爆破、顶煤预松动爆破及煤层注水等工艺的工艺巷(也称两中间巷)及用于排放老空区瓦斯的排瓦斯巷沿煤层顶板掘进。8933 工作面北西高,南东低,大致呈一单斜构造,煤层埋藏深度为 320～350 m,倾斜长度 120 m,走向长度平均为 1 494.5 m,煤层厚度4.7～10.6 m,平均为 7.2 m,坚固性系数 4.4;工作面煤层倾角 1°～8°,一般为 2°～3°,褶曲不大,不影响回采。邻面矿压观测表明,初次来压时两端头压力增大、顶板下沉,周期来压时工作面中部压力大、顶煤下沉、片帮。估计初次来压步距为 30～58 m,周期来压步距为 16～35 m,超前应力影响机头 10 m、机尾 30～50 m 范围。

图 5-1 所示为 8933 工作面地层综合柱状图,可见,该煤层及顶底板均为较坚硬地层,且基本顶厚度较大。综合判断,8933 工作面满足厚层坚硬地层条件。

柱状	地层	厚度/m	地 层 特 性
	基本顶	30.9～39.59	致密坚硬,具节理构造,水平层理,含黄铁矿结核,孔隙钙质胶结,坚固性系数10.5,较坚实
	直接顶	0～7.76	灰及灰白色细砂岩,成分为石英、长石,含少量云母暗色矿物,水平层理,泥质胶结,坚固性系数11.6,较坚硬
	煤层	4.7～10.6	平均厚度7.2 m,坚固性系数4.4
	直接底	0.46～5.02	灰色细砂岩,成分为石英、长石,含少量的云母、暗色矿物及FeS$_2$球状结核,泥质胶结,坚固性系数11.1,较坚硬

图 5-1 8933 工作面地层综合柱状图

5.3.2 忻州窑矿构造应力环境及冲击危险性评价

忻州窑矿区域地质条件为大同盆地边缘西北部,地处大同向斜北部最低部位,属山地与盆地、平原交界处,该位置恰好也是口泉断裂所在位置。图 5-2 所示为忻州窑矿 11^{-2} 煤煤层底板等高线及断层平面分布图,图中箭头方向表示煤层自低向高变化趋势,可见 11^{-2} 煤总体为一向斜构造形态,落差在 10 m 的断层和一些小断层多集中在向斜轴的两翼,地层走向总体为北东,向南稍转北西,地层倾向以向斜轴为中心,东部倾向北西,西部倾向北东,地层倾角井田东部稍大,为 $10°\sim15°$,井田西部倾角平缓,为 $1°\sim3°$,在井田的北部向斜西翼为同期形成的小褶皱区。井田内陷落柱多分布在南部,岩浆岩侵入体集中于井田西北,但宽度、长度均较小。

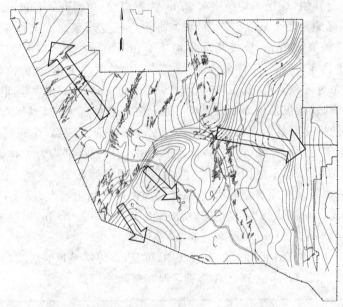

图 5-2 忻州窑矿 11^{-2} 煤煤层底板等高线及断层平面分布图

燕山运动是大同煤田形成的决定时期,沿东缘发生的口泉—鹅毛口逆推断裂使煤田以东太古界的上覆地层全部遭受剥蚀,因推覆、挤压,使煤田西、北部平缓上升,遭受剥蚀、侵蚀,侏罗系末期的唐河断裂使西北部又快速下沉,并为白垩系巨厚沉积所覆盖,喜山运动再次沿口泉山脉东麓发生强烈断陷,形成大同断陷盆地[175-177]。大同盆地西缘主要为中生代逆冲构造,整体呈 NE—NNE 展布,但在口泉乡西部有一走向为 EW 的盖层,盖层长度在 4 km 左右,这一构造与区域的整体构造不协调[178],且值得注意的是这一构造恰好位于大同南郊区矿区,即冲击地压高发区域。研究表明,大同盆地内部以下沉为主,而盆地外缘山区呈上升状态,口泉断裂带仍具有"正断型"的活动特征[179]。

大同地区属地震频发区,有多次强烈地震记录。1983 年,大同地区首次发现地裂缝,并通过实测证明这些地裂缝呈 NEE 方位展布,这与大同南郊区矿区山地与盆地的边界走向基本一致,而 1981 年忻州窑矿首次出现冲击失稳现象,此后在 1983、1987、1990、1999 年先后发生多次冲击地压,分析认为,大同的地裂缝现象与区域构造应力场密切相关,是断裂带活动在地表发生的构造破裂,大同盆地处于区域右旋剪切带内,剪切拉张形成拉张断陷盆地,在盆地内受主压应力作用,基底产生 NNE 向右旋剪切拉张和 NEE 向左旋剪切拉张 X 共轭断裂破裂系统[180]。1989 年 10 月 18 日发生在大同县—阳高间的 6.1 级地震,破坏严重,同一时期大同盆地册田凹陷曾发生多起 5 级以上地震,有研究显示这些地震是由构造活动所引发,受水平地应力影响,册田凹陷的整体活动与区域内次级区域活动叠加有关[181]。截至 1999 年,大同地区又发生多起 5 级以上地震,说明大同地区构造活动活跃[182]。大同强震区震源深度优势分布在 10～15 km,在震中区上部为相对刚性大的高速壳体,下部为相对较软弱的低速—高导块体[183]。对大同盆地的地壳形变和应变演化分析表明,大同盆地西部北区域是盆地内显著主应变最为集中的区域,特别是显著主应变的最大值出现于大同市西南,达 $1.9 \times 10^{-6}/a$[179]。综合大同地区的区域构造可以看出,以大同盆地为中心,忻州窑矿 11 煤位于向斜两翼的部位在区域构造运动中处于高速状态,该区虽然埋深较浅,但受深部构造活动影响。

开采保护层被认为是防治冲击地压有效并带有根本性的区域防冲措施,在煤层开采时,先开采一个煤层或分层,使得邻近煤层在一定时间内获得卸载效果,从而释放煤岩体中的弹性能,达到消除冲击危险的目的。一般认为,采用全部垮落法时保护层开采的卸压有效期为 3 年,而全部充填时则为 2 年。而在开采顺序的选择上,应先开采冲击危险性相对更弱的煤层,且保护层内不得留设煤柱,从而使被保护层达到最大的卸压效果[148]。保护层开采的成功实施在于以下几个条件:① 保护层的冲击危险性要低于被保护层,从而使得开采保护层的冲击危险性相对更低,而保护层开采后被保护层因卸载作用原相对较高的冲击危险性降低;② 保护层开采后,被保护层应有显著的卸压效果,被保护层的煤岩体力学性质或其应力环境要实现一定程度的改善,否则无助于减轻高应力环境的形成。图 5-3 所示为 9 煤与 11 煤的工作面分布图。9 煤首先于 20 世纪 60～70 年代在矿区东南角被开采完毕,70～80 年代主要开采矿区东部的煤炭资源,进入 80 年代后,9 煤存在同采现象,开采强度增大,1985 年以后,9 煤主要开采东部和北部的煤炭。到开采结束时,9 煤内已经形成东北和西南两翼较大范围的采空区,采空区呈翼状分布,与区域构造形态呈一定相关性。大范围的采空区与构造应力场耦合,极有可能造成区域应力向向斜轴部演化。而矿区西北部的 9 煤开采较少,造成这一区域不存在开采保护层效应,因而井田西北部的冲击危险性相对较高。且 903 盘

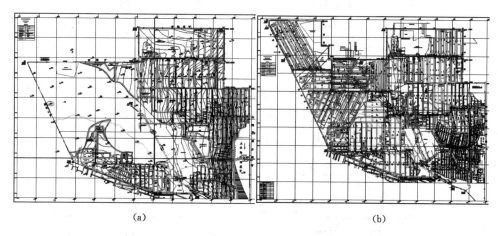

(a)   (b)

图 5-3　9 煤与 11 煤工作面分布图

(a) 9 煤工作面分布;(b) 11 煤工作面分布

区所在位置处于井田边缘,西、南部为煤峪口井田,北部为云岗、晋华宫井田,目前各矿都处于开采阶段,周边煤矿边界采空后使得该区域成为区域受力集中区。

除区域构造活动显著外,忻州窑矿为高瓦斯矿井,煤尘有爆炸危险性,开采过程中需解决高瓦斯问题。根据第2章调研的忻州窑矿地应力测试结果可知,该区域地应力波动较大,存在较高水平的原岩应力,因此判定11煤合并层整体冲击危险性较大,该区域的8933工作面具备发生冲击地压的地质条件。

5.4 忻州窑矿采动影响下的冲击危险性评价

5.4.1 模型的建立及模拟方案

8933工作面为顺序开采、单侧临空的工作面,为研究采动因素对该面冲击危险性的影响,采用FLAC 3D软件根据实际地质赋存条件、煤岩体的实测参数及相关资料并对模型进行适当简化,建立相应的数值模拟模型[184-186],该模型具备厚层坚硬地层的基本条件,同时在模拟过程中考察老采空区、初始应力条件、开采技术等因素对冲击危险性的影响。

图5-4所示为在数值模拟中所建立的模型尺寸示意图,在该模型中,模型大小为 $X \times Y \times Z = 450\text{ m} \times 420\text{ m} \times 60\text{ m}$,老采空区的范围为 $X \times Y \times Z = 390\text{ m} \times 100\text{ m} \times 7.2\text{ m}$(推进方向沿 X 坐标轴正向),8929、8931、8933工作面的尺寸均为 $X \times Y \times Z = 120\text{ m} \times 180\text{ m} \times 7.2\text{ m}$(3个工作面均属于903盘区,推进方向沿 Y 轴负向,按照初次来压步距60 m、周期来压步距15 m计算,该工作面尺寸满足1次初次来压、8次周期来压的条件,开采过程中出现1次见方条件可用于评价见方来压所造成的冲击危险),两工作面之间留设宽度为15 m的煤柱,其中,8929、8931工作面不设置工作面两巷,主研究区域8933工作面根据真实的巷道布置情况留设工作面两巷及3条工艺巷,巷道尺寸为 $X \times Y \times Z = 3\text{ m} \times 200\text{ m} \times 3.6\text{ m}$,巷道位置如图5-4(b)所示。为研究多巷交汇条件下的冲击危险,在老采空区与903盘区并采工作面之间留设尺寸为 $X \times Y \times Z = 420\text{ m} \times 5\text{ m} \times 3.6\text{ m}$ 的大巷。同时,在903盘区工作面周围、老采空区一侧各工作面终采线与大巷之间分别留设宽度为30 m、40 m、20 m的煤柱。为提高运算效率,在建模时将老采空区与903盘区分块建模,并适当加密903盘区的网格,模型中各地层参数如表5-2所示。

表5-2 模型的基本参数

岩层	密度/(kg/m³)	弹性模量/GPa	泊松比	内聚力/MPa	内摩擦角/(°)	抗拉强度/MPa	高度/m
上覆岩层	2 680	16.0	0.147	16.0	37.0	2.35	8.0
基本顶	2 540	5.01	0.330	14.36	33.8	5.668	35.0
直接顶	2 800	18.0	0.235	17.5	36.0	8.0	3.8
煤层	1 265	2.29	0.243	6.8	39.72	1.23	7.2
直接底	2 566	4.842	0.288	19.25	31.38	6.569	2.8
老底	2 460	10.0	0.260	18.0	32.0	7.8	3.2

模拟方案如下:

(1)建立模型后,采用弹性模型使模型达到初始应力平衡状态。

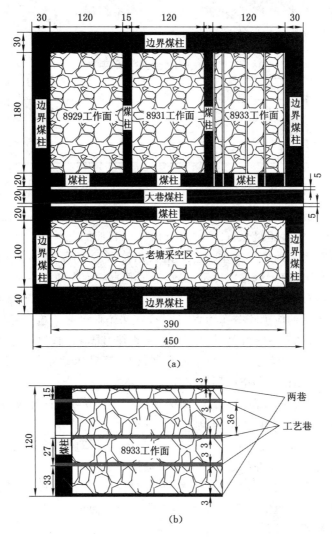

图 5-4　模型尺寸平面示意图(单位:m)

(a) 模型整体平面图;(b) 8933 工作面平面图

　　(2) 利用弹性模型计算出的初始平衡模型,采用 Mohr-Coulomb 准则及表 5-2 中的参数对模型属性重新赋参,然后开挖老采空区与 903 盘区之间的两条大巷,并运算一定时步以模拟巷道开挖后的应力演化。

　　(3) 沿 X 轴正方向分步开采老采空区,每步开采后运算一定时步以模拟开采后的应力演化,老采空区整体开采完毕后,运算一定时步以模拟老采空区与后续开采间的时间效应。

　　(4) 充填老采空区以模拟该区域开采后的顶板垮落情况,充填材料采用应变软化模型并运算一定时步。

　　(5) 以周期来压步距为单次开采步距,分别开采 8929、8931、8933 工作面。

5.4.2　不同原岩应力水平对地应力分布的影响

　　根据地应力测试结果可知,在忻州窑矿埋深 352～370 m 这一变化不大的范围内,地应力测试出现了较为明显且显著的应力跳跃情况,为模拟不同应力水平下的采动影响,根据实测地应力情况将地应力水平分为三组并编号,各分组的情况如表 5-3 所示,其中,SZZ 为垂直应力,SYY 的方向与 903 盘区工作面推进方向一致。

表 5-3　　　　　　　　　　　　不同模拟方案的地应力水平

分组编号	测点埋深/m	SZZ/MPa	SXX/MPa	SYY/MPa
A	352	7.29	7.14	12.95
B	362	11.67	6.47	23.03
C	370	11.04	8.74	13.11

图 5-5 所示为不同地应力水平下模型达到初始应力平衡时的垂直应力分布示意图,根据模拟结果可知,就原岩应力而言:(1) B、C 两组的应力水平整体较为接近,其中,B 组的应力水平在三组之中最高,A 组最低;(2) 垂直方向的原岩应力整体上自上而下逐渐增大,这与实际地层中随埋深增大地应力的垂直应力增大相符;(3) 由于老采空区和 903 盘区采取分区建模的方式,两分区模型网格密度不一致,造成垂直应力在两区域交界区域出现异常波动,这种异常表现为以两区域分界面为中心的临近两侧垂直应力要低于周边区域。

就老采空区开采后的应力场分布而言:(1) 受老采空区开采影响,开采后地应力水平明显高于原岩应力水平;(2) 三组情况下的应力分布规律基本相同,但应力水平并不相同,其中,B、C 两组的应力水平要高于 A 组的应力水平;(3) 开采活动改变了垂直应力原本从浅入深逐渐增高的趋势,使得开采空间周围出现应力集中。

图 5-6 进一步说明了这种情况,图 5-6 所示为 $Z=7.8$ m 处不同地应力水平下的老采空区开采后的垂直应力分布示意图,根据模拟结果可知:

(1) 应力集中主要出现在开采空间周围及两条大巷的煤柱内,应力集中最大的位置并非开采空间的中点,而是出现在靠近中间并偏向最初开采的位置;(2) 开采空间周围的应力集中程度要高于大巷煤柱内的应力集中程度,大巷煤柱内应力集中最严重的位置在平面上与开采空间应力集中最严重的位置较为接近,说明采动影响具有一定时效性,开采造成的应力集中区域集中在早期的开采区域及相应位置的煤柱内,随着开采的进行,应力集中程度不断变化,应力集中的核心也随着开采活动的进行而不断转移,其总的趋势是靠近开采方向并呈增大趋势,但最大的应力集中并未出现在开采中心两侧煤壁,而是滞后于该区域;(3) 原岩应力分布对开采后的应力分布有显著影响,其中,B、C 组的应力水平显著高于 A 组,B、C 两组的应力水平也较为接近,结合表 5-3 可知,B、C 两组原岩应力中的垂直应力较为接近,而 A 组原岩应力中的垂直应力要低于 B、C 两组,加之 B、C 两组最大水平应力要高于同组的垂直应力,使得采动影响后应力的增加趋势更加明显。

5.4.3　连续采动后的应力演化分析

以 B 组模拟结果为基础,将已经开采的老采空区进行充填处理,观察 8929、8931 工作面连续开采过程中煤层及顶板中的应力演化情况。

选取煤层位置在 $Z=7.8$ m 处,图 5-7 所示为两工作面连续开采过程中煤层内的垂直应力演化示意图。

可见:(1) 8929 工作面开采过程中,在工作面周围形成应力集中,按照开采顺序而言,应力集中最严重的位置首先出现在工作面后方采空区切眼煤壁上。而后随着工作面不断推

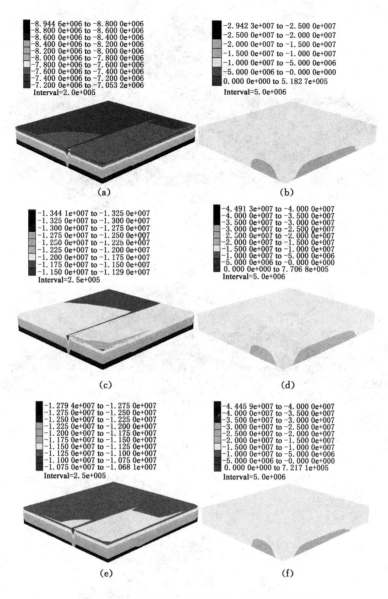

图 5-5　不同地应力水平下垂直应力分布示意图

（a）埋深 352 m 原岩应力分布；（b）埋深 352 m 老采空区开采后应力分布；（c）埋深 362 m 原岩应力分布；
（d）埋深 362 m 老采空区开采后应力分布；（e）埋深 370 m 原岩应力分布；（f）埋深 370 m 老采空区开采后应力分布

进，在采空区两侧巷壁逐渐出现较为严重的应力集中。达到一次见方位置时，采空区四周均出现应力集中，工作面位置首次出现较为严重的应力集中，说明见方开采期间工作面存在冲击危险性。此后随着工作面的继续推进，虽然工作面位置依然存在应力集中，但最严重的应力集中位置开始向采空区中部巷壁两侧转移。（2）8931 工作面开采过程中，直接导致临近上一工作面的临空巷道出现应力集中，应力集中的位置与回采进度有关并动态变化，主要集中在已采临空巷道中部及工作面端头位置，因此，临空煤柱的失稳很可能出现在采空区内，也有可能波及临空巷道端头位置，若出现在后者时，则会对生产造成不利影响。（3）8929 工作面开采完毕后，工作面前方应力集中区与采区煤柱应力集中相互叠加，造成大巷与停采

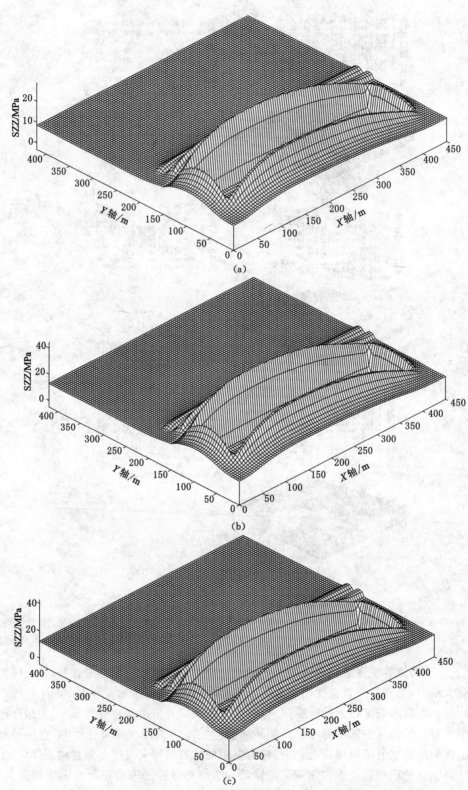

图 5-6　$Z=7.8$ m 处不同地应力水平下的老采空区开采后的垂直应力分布示意图

(a) A 组；(b) B 组；(c) C 组

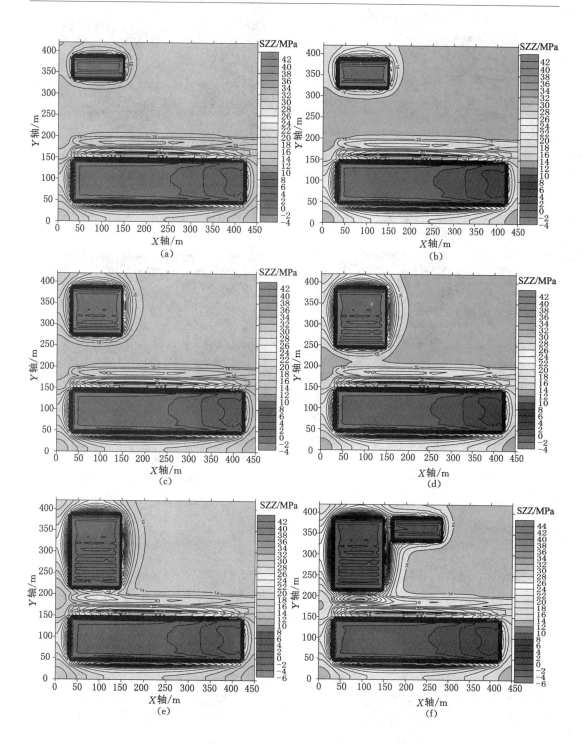

图 5-7　连续采动过程中煤层内的垂直应力演化

(a) 8929 工作面开采 60 m；(b) 8929 工作面开采 75 m；

(c) 8929 工作面开采 120 m；(d) 8929 工作面开采 150 m；

(e) 8929 工作面开采 180 m；(f) 8931 工作面开采 60 m

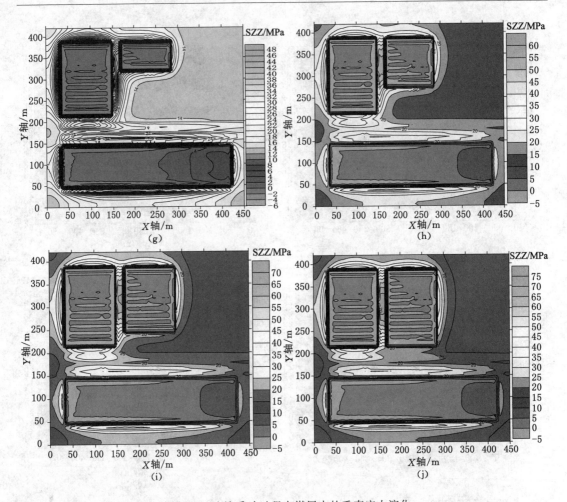

续图 5-7　连续采动过程中煤层内的垂直应力演化

(g) 8931 工作面开采 75 m；(h) 8931 工作面开采 120 m；

(i) 8931 工作面开采 150 m；(j) 8931 工作面开采 180 m

线间的煤柱出现应力集中。随着下一工作面的不断开采，大巷与停采线间煤柱应力集中范围越来越大，造成这一区域易出现冲击危险。(4) 老采空区受顶板垮落充填效果影响，老采空区与大巷间煤柱的应力集中程度得到一定控制。

　　在 8929、8931 两工作面开采过程中，两工作面之间的煤柱首先处于非孤岛煤柱条件，当 8929 工作面回采完毕后，两工作面间的煤柱处于一侧临空状态，选取该煤柱上方顶板为研究对象，观察临空煤柱上方直接顶（坐标：$X=156$ m，$Z=15.1$ m）和基本顶（坐标：$X=156$ m，$Z=37$ m）内的垂直应力演化情况。图 5-8 所示为临空煤柱上方顶板内的垂直应力演化示意图，图中"8929-4"表示 8929 工作面第四次回采完毕，每次开采 15 m，开采第 4 次时为初次来压，第 5 次时为周期来压，第 8 次时为工作面一次见方。根据所建立的模型，两工作面开采范围为 Y 轴 390～210 m 处，沿 Y 轴负方向开采；老采空区位于 Y 轴 40～140 m 处。

　　由图 5-8 可知：(1) 8929、8931 工作面在回采过程中，老采空区上方直接顶及基本顶内的应力出现小幅度增加，增量非常小，说明老采空区受顶板垮落充填影响，区域内以局部应力调整为主，受后续采动影响相对较小。(2) 从应力水平来看，位于下层的直接顶内的应力

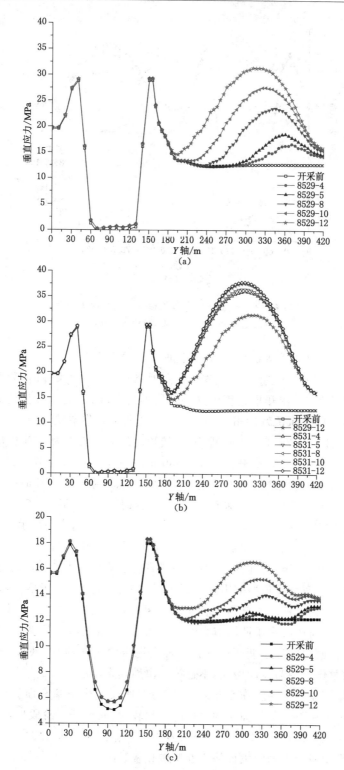

图 5-8　临空煤柱上方顶板内的垂直应力演化

（a）开采 8929 工作面直接顶内的应力演化；（b）开采 8931 工作面直接顶内的应力演化；

（c）开采 8929 工作面基本顶内的应力演化

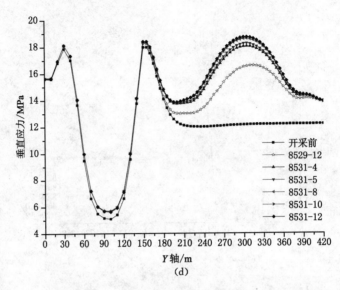

续图 5-8　临空煤柱上方顶板内的垂直应力演化

(d) 开采 8931 工作面基本顶内的应力演化

水平要高于处于上层基本顶内的应力水平,说明厚煤层开采后,下层顶板受采动应力及自重载荷等影响较容易承受更大的力,而当这种地层具备厚层、坚硬条件时,就具备了抵抗更大外载和存储能量的条件,在开采过程中这种地层不易破坏,而突然发生的破坏则易导致突然、急剧的能量释放,从而诱发冲击危险。(3)煤柱处于非临空状态时,工作面两侧的受力环境基本相同,在开采 8929 工作面过程中,直接顶内的应力表现为不断增大,初次来压时应力峰值点滞后采空区中点 10 m(开采至 $Y=330$ m,峰值点位于 $Y=370$ m,采空区中点位于 $Y=360$ m),应力增量(峰值应力与开采前此点的应力差)为 4.02 MPa;一次见方来压时应力峰值点滞后采空区中点 15 m(开采至 $Y=270$ m,峰值点位于 $Y=345$ m,采空区中点位于 $Y=330$ m),应力增量为 10.945 MPa;8929 工作面开采结束后,应力峰值点滞后采空区中点 10 m(此时开采至 $Y=210$ m,峰值点位于 $Y=310$ m,采空区中点位于 $Y=300$ m),应力增量为 18.783 MPa,可见,直接顶内的应力峰值一般滞后于采空区中点,这种滞后效应在开采达到见方时达到最大。而直接顶的应力随着开采活动的进行一直处于增大状态,当顶板较为坚硬时,会造成采空区的长距离悬顶。后续开采相邻 8931 工作面时,直接顶内的应力还会增加,但在下一工作面初次来压期间应力增幅较大,此后虽然应力仍会增大,但增幅相对较小,因此,下一工作面初次来压期间应加强对冲击地压的监测预警。(4)本工作面开采时,基本顶内的应力整体表现为波动增大,不过第一次周期来压前应力的增幅一直不大,但达到见方后,应力增幅明显。下一工作面开采时,应力的增长规律与基本顶类似,即顶板内应力整体以增大为主,但在下一工作面初次来压时增幅较大,其他开采阶段增幅相对较小。

可见,在连续回采过程中,本工作面见方及下一工作面初次来压期间是冲击危险较为严重的时期,这两个阶段应力增幅大而快。在坚硬顶板长距离悬顶的条件下,对这两个时期需要特别关注。而在顶板长距离悬顶的情况下,采动影响造成应力不断增大,冲击危险也在不断积聚,当煤岩体处于临界失稳状态时,采动所导致的应力增加极有可能诱发冲击失稳。此外,处于高应力状态的煤岩体在外载扰动下也有可能导致其达到破坏条件,从而诱发不同程度的失稳破坏。

5.4.4　采掘顺序对应力演化的影响

采掘顺序是煤矿生产不得不面对的问题,合理的采掘顺序不仅要考虑采掘接替,还要考虑不同采掘顺序所面临的安全生产环境。由上述研究可知,在厚层坚硬地层条件下,煤层开采后容易造成采空区长距离悬顶,而后续的采动影响又会造成煤岩体内应力的持续增加,不同的采掘环境面临着不同的应力演化条件,采掘顺序对冲击危险产生一定影响。特别是忻州窑矿 8933 工作面不仅具备工作面两巷,在工作面中还留设有 3 条工艺巷,采掘工程复杂。本节以地应力水平中方案 B 模型为基础,按照顺序开采以减小冲击危险性的原则,将 8933 工作面掘进巷道及回采分为两种方案进行模拟:

方案 1:8929 工作面采完后立即开掘 8933 工作面两巷及工艺巷,然后依次回采 8931、8933 工作面;

方案 2:8929 工作面采完后首先开掘 8933 工作面两巷,待 8931 工作面回采一半(90 m)时再开掘工艺巷,然后依次回采 8931、8933 工作面。

图 5-9 和图 5-10 所示分别为方案 1 和方案 2 模拟中煤层内($Z=7.8$ m)的垂直应力演化过程,两方案的区别在于方案 1 提前开设工艺巷及工作面两巷,而方案 2 则根据采掘进度的不同先布置工作面两巷,在后续回采过程中布置工艺巷。由图 5-9 可知,在 8931 工作面开采过程中:(1) 临空煤柱的应力集中程度不断加剧,应力集中的范围不断扩大;(2) 在8933 工作面工艺巷与大巷交汇的多巷交汇区域出现应力集中,在未开采 8933 工作面时多巷交汇区域的应力水平就要高于同一工作面其他未开采位置;(3) 8931 与 8933 工作面之间的非临空煤柱在开采位置后方出现一定应力集中,应力集中的大小和范围均要低于临空煤柱的应力集中水平,但应力集中范围要大于多巷交汇位置的应力集中区域;(4) 8931 工作面开采过程中其左侧为已采空的 8929 工作面,非均匀的受力环境使得 8931 工作面前方的超前应力沿工作面方向并非平行于工作面分布,而是总体上以两工作面交汇煤柱处为中心向外逐渐降低,因此,临空侧端头及此处的煤帮受力更大、更容易发生破坏。在 8933 工作面开采过程中:(1) 工作面与其前方工艺巷接近的位置出现小范围的应力集中;(2) 8929 与8931 工作面间的煤柱处于两侧采空状态,该煤柱的应力集中程度在整个采区最大,随着回采的进行不断增大;(3) 8933 工作面的临空煤柱也会出现一定程度的应力集中,总体上应力水平呈不断升高趋势;(4) 8933 工作面与临空煤柱接近的工艺巷与这一侧工作面巷道之间的煤体应力水平要高于同位置远离临空侧的煤体;8931 工作面与大巷交汇区域间的煤体应力水平及范围不断增大,该区域应力最大位置处于边界煤柱中部;(5) 随回采的进行,老采空区周围的应力水平及范围逐渐趋于稳定,因此,若煤柱强度较高时,大巷煤柱能够在承压状态下保持长期稳定,但若煤柱强度不断降低,则早期开采遗留的大巷煤柱也有发生冲击失稳的危险。

对于方案 2 而言,从整体而言区域应力演化与方案 1 基本相同,各区域所能达到的应力量级与方案 1 也基本相同,但在工作面前方与工艺巷交汇的位置,由于方案 2 中工艺巷开掘的时间要略滞后于方案 1,所以此区域的应力集中出现的时间和大小要略低于方案 1,这种差异主要表现在 8933 工作面初采阶段,随着开采的不断进行,该区域的应力集中会逐渐增大,在终采时两方案中该区域的应力集中水平基本相同。可见,在本节设定的模拟条件下,同时开掘两巷及工艺巷或分步开掘巷道对最终的应力场分布影响不大,但初采期间工作面附近的应力会受到一定影响,这种影响并不十分显著。

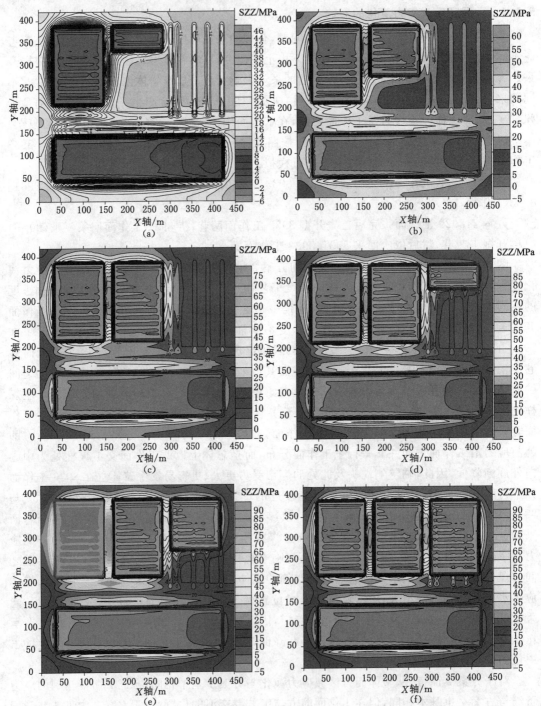

图 5-9 方案 1 煤层内的垂直应力演化

(a) 8931 工作面开采 60 m;(b) 8931 工作面开采 120 m;(c) 8931 工作面开采 180 m;

(d) 8933 工作面开采 60 m;(e) 8933 工作面开采 120 m;(f) 8933 工作面开采 180 m

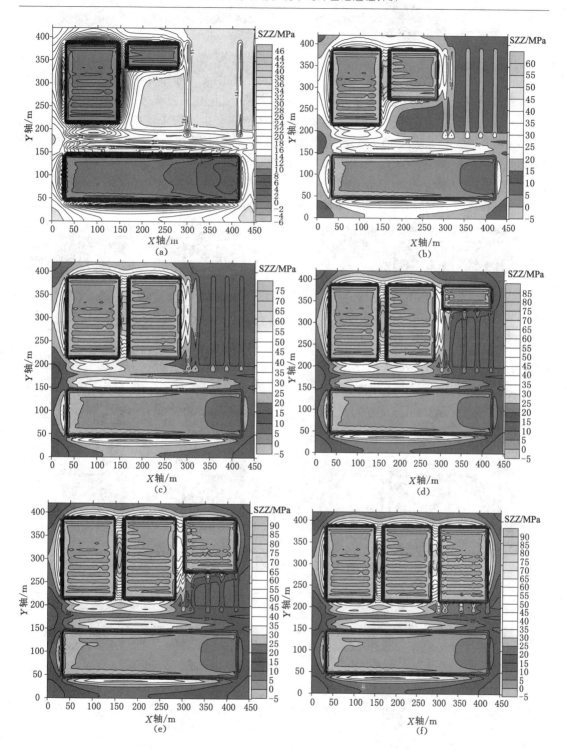

图 5-10 方案 2 煤层内的垂直应力演化

（a）8931 工作面开采 60 m；（b）8931 工作面开采 120 m；（c）8931 工作面开采 180 m；

（d）8933 工作面开采 60 m；（e）8933 工作面开采 120 m；（f）8933 工作面开采 180 m

5.4.5　工艺巷对冲击危险的影响

忻州窑矿为高瓦斯矿井,为防治瓦斯及冲击地压灾害,开采设计时在每个工作面设置有多条工艺巷。与无瓦斯矿井相比,高瓦斯矿井在单个工作面尺寸不变的条件下增加工艺巷数量,会造成完整性较好的煤层被分隔成不同的条段,而且容易形成多巷交汇的开采环境,造成冲击危险增大。工艺巷不仅增加生产成本,还给安全生产带来不确定因素。设置工艺巷时一般出于施工需要,如进行瓦斯抽采、煤层注水等,但较少考虑工艺巷本身对冲击失稳造成的影响。本节以地应力水平中方案 B 为基础,对比分析有无工艺巷对 8933 工作面回采的影响。

图 5-11 所示为 8933 工作面不留设工艺巷时煤层内的应力演化示意图。

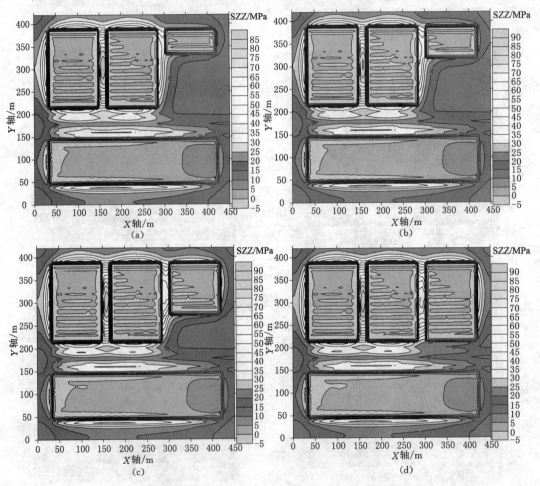

图 5-11　无工艺巷时煤层内的垂直应力演化
(a) 8933 工作面开采 60 m;(b) 8933 工作面开采 75 m;
(c) 8933 工作面开采 90 m;(d) 8933 工作面开采 120 m

由图 5-11 可知,不留设工艺巷时,8933 工作面回采过程中的垂直应力分布与 8931 工作面开采过程中的基本一致,所不同的是由于没有工艺巷,在大巷与工作面间的煤柱并没有形成多巷交汇的工程环境,该区域并没有出现局部应力集中。已经开采的 8929、8931 工作面逐渐形成对称结构,因此两面间的煤柱应力集中程度最大。由于两面以其间煤柱为对称中心,两工作面外侧边界煤柱区的应力整体上保持对称分布,大巷与工作面间煤柱依然处于应力集中状态。受 8933 工作面开采影响,8933 工作面临空煤柱内的垂直应力出现一定波动,造成煤柱及平行于工作面方向的垂直应力分布不均。与留设工艺巷相比,不留设工艺巷时工作面前方煤体内的垂直应力虽然非均匀分布,但整体上以端头区域为中线向外逐渐降低。而留设工艺巷时(图 5-9 和图 5-10),受工艺巷采空影响,巷道周围的应力出现调整,多条工艺巷与工作面空间又会形成近多巷交汇的条件,特别是靠近临空侧的工艺巷周围应力集中程度要略高于其他工艺巷,结合图 5-12 予以说明。

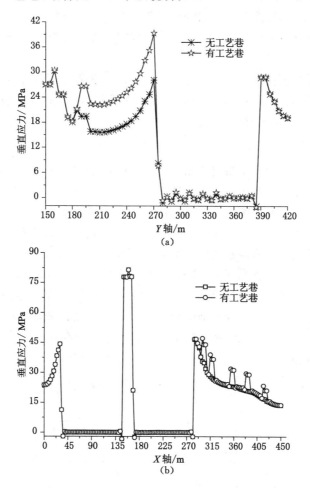

图 5-12　不同方案见方来压时煤层内($Z=7.8$ m)垂直应力分布

(a) 垂直于工作面方向;(b) 平行于工作面方向

图 5-12 所示为不同方案中见方来压时煤层内($Z=7.8$ m)垂直应力分布示意图,图 5-12(a)所示为垂直于工作面方向的垂直应力分布($X=315$ m),8933 工作面见方来压时,工作面开采至 $Y=270$ m 处。由图 5-12(a)可知,在已开采区域及其后方的煤柱中,是否留设工艺巷对垂直应力的分布影响不大,留设工艺巷主要影响工作面前方未开采区域的应力分布。留设工艺巷时,工作面前方煤体内的应力水平要比未留设工艺巷时更高,在工作面

前方未开采煤体中($X=210\sim270$ m)应力增量平均达 8.11 MPa,随着未开采煤体逐渐远离工作面,垂直应力逐渐降低。在大巷与工作面的煤柱中($X=190\sim210$ m),留设工艺巷时造成该区域的垂直应力增加,应力增量平均达 6.85 MPa。图 5-12(b)所示为平行于工作面方向的垂直应力分布示意图($Y=270$ m),可见煤柱区域是应力集中较为明显的区域,应力峰值点一般处于各区域的煤柱内,在已开采区域,煤柱的留设与否对其应力的大小及范围影响不大,但对于未开采区域,留设煤柱后煤柱周围应力有明显升高,当两煤柱距离较近时,多点的应力集中相汇集就会造成区域性应力集中,从而增加冲击危险。高瓦斯矿井出于抽采已采邻面采空区瓦斯的需要而将一条工艺巷布置在距离临空侧较近的位置,该巷道距离一侧的工作面巷道较近,从而形成工作面、巷道、工艺巷多处空场空间相汇集的开采条件,在各空间距离较近时,就会出现区域性应力集中。该位置临近端头位置时,则端头位置的应力增量会相应较大。

综上可知,留设工艺巷所造成的应力集中会造成工艺巷附近应力水平升高,其中,工作面端头、超前应力区、工作面前方多巷交汇区域及临近多巷交汇区域是应力升高较为明显的区域,这些区域的冲击危险性相对较高。

5.4.6 冲击危险性综合分析

综合以上研究可以看出,初始应力较高时,造成原岩应力水平较高,采动影响后,应力水平迅速增加,其中煤柱区域及多巷交汇区域是高应力集中区,易发生冲击失稳。在连续回采过程中,已回采区域煤柱内高应力状态逐渐形成,高应力范围有逐渐向后续工作面扩大趋势,临空侧煤柱及周围的应力集中程度要高于非临空侧煤体。工艺巷会造成巷道周围应力集中,并在末采时形成严重的多巷交汇情况,不利于冲击地压的防治。在厚层坚硬顶板条件下,虽然工作面未处于显著孤岛条件,但临空侧依然面临较大冲击危险。综合上述研究结果,将 8933 工作面冲击危险区划分为如图 5-13 所示。图中,开采工作面冲击危险区主要集中在临空煤柱、临空侧超前应力区及临空端头位置,其中,初次来压、周期来压、见方来压时冲击危险较大,此外末采时形成的多巷交汇区域及大巷煤柱存在较大冲击危险,本面非临空超前应力区也应加强监测;老采空区冲击危险区主要集中在两侧临空的煤柱内,由于该煤柱

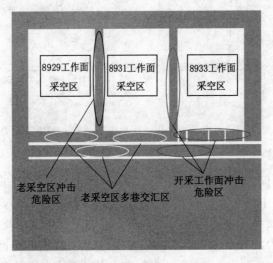

图 5-13　8933 工作面冲击危险区分布

距离开采工作面距离较远,虽然煤柱内形成高应力环境,但其对开采工作面的直接影响较小,当在该煤柱附近作业时,认为该煤柱具有严重冲击危险性;老采空区多巷交汇区冲击危险低于临空煤柱,但若在此范围作业时,也需加强冲击危险监测及防治。可以看出,在当前开采技术下,8933 工作面在开采过程中临空煤柱及附近存在较大冲击危险,需采取有效的监测及防治措施,以防出现冲击地压事故。除以上区域外,由于在模拟中未考虑地质异常情况,在实际生产中还需增强对断层、褶曲发育等地质异常区域的监测和管理。

6 厚层坚硬地层冲击地压防治方法研究

冲击地压防治技术直接关系到冲击地压的灾害损失程度,是冲击地压研究中实际意义最鲜明的一环。本章在分析现有冲击地压防治技术的基础上,结合忻州窑矿厚层坚硬地层高瓦斯赋存的特殊地质条件,研究采用上巷进行冲击地压防治的技术效果,通过单面全采全充、单面条带充填、工作面条带充填等不同技术方案的对比,探讨上巷防冲的技术效果及其应用可行性,为冲击地压的防治提供新思路。

6.1 冲击地压防治技术综述

自冲击地压发生以来,冲击地压防治技术是最能够直接解决冲击地压问题的关键。冲击地压防治技术的有效性,直接决定了冲击地压的灾害性能否被有效降低。国内外学者从不同角度提出过多种冲击地压的致灾机理,与之不相协调的是,当具体落实到冲击地压防治技术方面,往往具体的防治措施又回到了最初的研究原点。特别是在一些严重冲击地压矿井,尽管采取了多种防治技术,还是没能消除冲击地压这一灾害。与片面强调某种防治手段的有限有效性相比,防冲技术的失效问题往往被忽略,防冲技术的革新往往较困难。但不可回避的是,恰恰是防冲技术不到位,造成即使预测到冲击危险并采取了一定措施,而没能有效减少冲击地压造成的损失。提高防冲技术的有效性,成为冲击地压研究中实际意义最突出的一部分。在冲击地压防治方面,目前应用型的研究集中在冲击预警和冲击治理方面,其中,冲击预警手段又作为监测冲击治理手段有效性的评价方法。

冲击预警方面,主要采用包含支架阻力及围岩变形在内的矿压观测法、电磁辐射监测、地音监测、电荷监测、钻孔应力监测、微震监测、钻屑量监测等手段。通过建立相应的判别准则,依据观测变量判断所监测区域是否存在冲击危险。需要说明的是,虽然目前监测方法多样,监测精度及判别方法也有显著提高,但由于监测手段所获得的是灾变演化过程中的不同信息,而不是对灾变过程的直接控制,监测技术并不具备有效削弱冲击地压的能力。而且由于前兆信息与灾害的发生还存在时间差,如不能在灾变发生前采取有效防冲措施,依然不能杜绝冲击地压的发生。因此,冲击地压防治最有效的措施还应回归到冲击治理层面。冲击地压治理手段方面,目前主要包括水力致裂、高压水射流切割、注水软化、钻孔卸压、深孔爆破、开设卸压硐室、加强支护等手段。除加强支护外,大部分现有技术以弱化煤岩体性质为目的,通过对工作面前方煤岩体或采空区顶板的弱化达到降低冲击危险的目的[187-190]。由于对冲击地压机理认识不充分,造成一些措施在实施时存在安全隐患。如有研究表明,爆破会增大冲击危险[1],但在实践中断顶爆破依然被作为冲击地压的治理手段所采用。又如通过不同卸压方式对煤岩体性质进行弱化,需要满足卸压过程的能量释放率高于煤岩体中能量积聚率时方能实现卸压的效果,但在施工过程中,若施工初期煤岩体本身已处于高应力状态,在既定的地质条件下,施工过程是一个此消彼长的过程,如何在确定冲击危险性后选择施工的时间节点、如何评价卸压过程的时效特征,仍需要进一步研究。限于煤矿开采的动态推进特征,一些技术在实施后无法进行直观评价或技术补救,也是造成冲击地压防治技术失效的重要原因。因此,提高现有技术的有效性、革新冲击地压治理方法有助于提高冲击地压防治水平。

6.2 厚层坚硬地层高瓦斯矿井冲击地压防治技术

6.2.1 厚层坚硬地层高瓦斯矿井防冲技术难点

瓦斯爆炸及冲击地压是近年来造成单次煤矿事故大量人员伤亡的主要事故类型,高瓦斯矿井的冲击地压治理既要考虑煤岩体的突然冲击失稳,又要兼顾瓦斯抽采,使得厚层坚硬地层高瓦斯矿井的冲击地压防治较为复杂并存在诸多技术难点,诸如:

(1) 设置多条工艺巷,形成多巷交汇的情况。为进行强制放顶和瓦斯抽采,忻州窑矿在多个工作面都设置有多条工艺巷。本书第 2 章、第 5 章的研究表明,多巷交汇区域有利于冲击地压的孕育,而且多巷交汇还会造成本工作面通风系统复杂,影响瓦斯的排放,不利于安全生产。从巷道数量而言,在既定工作面长度条件下,高瓦斯冲击地压矿井同一工作面巷道数量越多,越容易形成多巷交汇,越不利于冲击地压的治理。

(2) 生产工艺复杂,人员伤亡概率增大。由于工艺巷设置在本工作面,所需要的设备、人员都集中在本工作面作业,造成煤炭开采和防灾施工存在一定干扰,整个工作面的生产工艺复杂。而设置工艺巷的初衷是考虑到本工作面具有冲击危险性,第 3 章、第 4 章的研究表明,巷道布置在煤层中要比布置在顶板中更易失稳,工艺巷周围易形成区域性高应力集中,施工人员位于冲击危险区施工,其伤亡概率自然增大。

(3) 防灾技术可重复性差。由于煤炭开采是一个动态过程,在长壁开采过程中采用垮落法管理顶板时,造成工作面开采后施工空间随工作面推进而逐渐减小,特别是无法在工作面后方进行防灾施工,造成来源于采空区的事故源无法有效清除。如在冲击地压治理中采用强制放顶时其主要目的在于使采空区上方一部分坚硬顶板垮落,但对于厚层坚硬顶板而言,由于其完整性较好,一次爆破可能不能达到施工目的。在工作面持续推进的情况下,就会造成长距离悬顶,从而加重冲击危险性。顶板来压时,不仅可能将采空区的瓦斯压出至工作面及巷道,还可能发生冲击灾害。保证防冲技术的可重复性,有助于提高冲击地压的治理效果。

可见,工艺巷设置在本工作面时,虽然施工便利,但并不利于冲击地压的防治。

6.2.2 高瓦斯矿井上巷防治冲击地压技术方案

鉴于上述原因,提出在顶板岩层中开设上巷用于高瓦斯矿井冲击地压防治的技术方案。图 6-1 所示为煤矿上巷布置示意图,与开设工艺巷相比,该方案具有以下技术优势:(1) 该方案的实质是将工艺巷布置在顶板岩层中,不仅可以提高巷道的稳定性,还可以减少非开采施工对工作面采煤的影响,从而提高生产效率;(2) 从上巷向下部煤层或采空区钻孔,根据需要选择钻孔直径,既可进行瓦斯抽采,又可以进行充填作业,还可以将两者结合起来实现同一钻孔的多次利用;(3) 由于上巷位于非开采层,不仅稳定性提高、支护成本低,而且由于上巷位于煤层上方,可以利用上巷对采空区进行强制放顶等作业,当一次放顶不成功时,还可以进行二次施工,从而保证防灾技术的质量和可重复操作性,利用空间层位的差异降低坚硬顶板运动造成的冲击危险[191-193]。

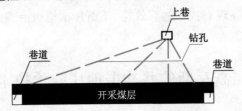

图 6-1   煤矿上巷布置示意图

需要说明的是,采用上巷防冲对煤柱型和顶板型冲击失稳能够起到一定作用[194-195],而对于断层滑移型冲击失稳,其适用性及具体的工艺仍需进一步研究。

6.2.3   厚层坚硬地层中上巷位置确定

(1)上巷的垂直位置

厚层坚硬地层条件下,由于地层较为坚硬,在煤炭开采后顶板并不能有效地随采随垮,造成顶板存在悬顶风险,同时,也说明顶板的稳定性和整体性较好,厚层坚硬地层能够成为具有主承载作用的关键层。第 5 章的数值模拟表明,顶板越远离开采工作面,其所受到的开采扰动越小、稳定性越高,因此,上巷距离煤层的垂直高度应适当增大。考虑到煤层开采后顶板的运移规律,结合垮落法开采后垮落带和裂缝带的高度,采高为 M 时,可按以下公式确定垮落带和裂缝带的高度[196-197]:

垮落带高度:

$$H_1 = \frac{100M}{6.2M + 10.0} \pm 2.5 \tag{6-1}$$

裂缝带高度:

$$H_2 = \frac{100M}{3.1M + 6.0} \pm 6.5 \tag{6-2}$$

根据以上公式,估算出垮落带和裂缝带的高度。采用充填开采时,两带高度要低于上述经验值,一般可将上巷布置在垮落带以上裂缝带高度范围内。采用垮落法管理顶板时,要结合直接顶、基本顶的岩层结构,并考虑强制放顶等施工工艺的要求,厚层坚硬顶板条件下一般可将上巷布置在裂缝带内。

(2)上巷的水平位置

老采空区、本煤层是采煤工作面瓦斯的主要来源,利用上巷进行瓦斯抽采时,应将上巷布置在距离上一工作面较近的位置。同时,由于瓦斯抽采需要开设大量钻孔,不同位置时钻孔的总长度并不相同,结合顶板结构,建立如图 6-2 所示的钻孔总长度计算模型[198]。设钻孔起点距离工作面巷道的垂直距离为 x,当钻孔的垂直高度固定为 h 时,工作面两巷的宽度分别为 a,b,工作面长度为 l,钻孔的有效半径和直径分别为 r,d,则需要的钻孔数量 $n = (l+a+b)/d$(计算结果四舍五入取整),相同起点同一平面上的各条钻孔分别为 $L_1, L_2, \cdots, L_i, \cdots, L_j, \cdots, L_n$($L_i$ 及其之前的钻孔均布置在钻孔起点左侧,$L_j \sim L_n$ 钻孔布置于钻孔起点右侧)。根据实际情况,h,a,b,l,n,i 均为已知量,则可计算求得:

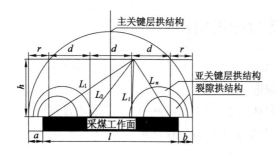

图 6-2 钻孔总长度计算模型

$$L_i = \sqrt{[x - (2i-1)r]^2 + h^2} \qquad (6\text{-}3)$$

$$L_j = \sqrt{[(2i-1)r - x]^2 + h^2} \qquad (6\text{-}4)$$

$$L_n = \sqrt{[l + a + b - (x+r)]^2 + h^2} \qquad (6\text{-}5)$$

故而同一平面的钻孔总布置长度为：

$$L(x) = L_1 + L_2 + \cdots + L_i + \cdots + L_j + \cdots + L_n \qquad (6\text{-}6)$$

其中，$a + l/2 \leqslant x \leqslant l + a$。

式(6-3)和式(6-4)数学意义等价，因此可将 L_i 与 L_j 视为同一变量，式(6-6)可进一步改写为：

$$L(x) = L_1 + L_2 + \cdots + L_i + L_n \qquad (6\text{-}7)$$

求解关于 $L(x)$ 的方程，当 $L(x)$ 最小时，x 位置即为上巷钻孔长度最小时的位置。综合其他因素，即可确定上巷的水平位置。

（3）忻州窑矿上巷位置的确定

忻州窑矿 8933 工作面煤层厚度平均为 7.2 m，即认为采高 M 为 7.2 m，根据上述公式计算可得忻州窑矿 8933 工作面垮落带高度为 10.68～15.18 m，裂缝带高度为 18.92～31.92 m。根据实际的地质条件，8933 工作面煤层之上无伪顶，直接顶是厚度为 0～7.76 m 的灰白色坚硬细砂岩，基本顶是厚度为 30.9～39.59 m 的灰白色坚硬细砂岩及粗砂岩。且相邻工作面的开采经验表明，本煤层的煤层以上为两层较为坚硬的顶板，坚硬顶板难于垮落，而且基本顶的厚度较大、整体性强，因此可以考虑将上巷布置在直接顶以上的基本顶内。结合上一章模拟内容，取工作面长度为 114 m，工作面两巷宽度均为 3 m、高度均为 3.6 m，则需要的钻孔数 i 为 4。取上巷底部距离煤层顶部的垂直高度 h 为 15.8 m 时，上巷位于基本顶内，距离直接顶与基本顶的岩层分界面 12 m，能够保证上巷的相对稳定。取钻孔有效半径 $r = 15$ m，并将上述数据代入式(6-7)可得：

$$L(x) = \sqrt{(x-15)^2 + 15.8^2} + \sqrt{(x-45)^2 + 15.8^2} +$$
$$\sqrt{(x-75)^2 + 15.8^2} + \sqrt{(x-105)^2 + 15.8^2} \quad (60 \leqslant x \leqslant 117) \qquad (6\text{-}8)$$

当 $x = 60$ m 时，$L(x)$ 有最小值，且 $x > 60$ m 后，$L(x)$ 单调递增。综合考虑，本书取 $x = 75$ m，设置工艺巷的位置靠近临空侧以便于提高工程质量。

6.3 厚层坚硬地层冲击地压防治效果

与断顶爆破相比,利用上巷进行充填时不仅可以降低爆破诱发的冲击危险性,而且还有助于降低采空区瓦斯积聚。有鉴于目前关于充填开采防治冲击地压的研究相对较少,本节以忻州窑矿工程背景为基础,结合上巷防冲技术,重点研究充填条件下的冲击解危效果。

6.3.1 上巷充填技术效果及上巷稳定性研究

为研究上巷的稳定性及充填开采防治冲击地压的技术效果,以上一章 8931 工作面开采完毕的模型为基本模型,首先开掘 8933 工作面两巷及上巷,上巷位于数值模型的 $X=345\sim348$ m,$Y=190\sim390$ m,$Z=29\sim33$ m 处,结合数值模拟的网格划分,将上巷在模拟中的尺寸设定为宽 3 m、高 4 m。工作面单次开采步距为 15 m,开采完成后运行一定时步,然后采用应变软化材料将采空区及两巷位置完全充填,再进行下一步开采,直至 8933 工作面开采完毕,观察 8933 工作面在充填开采过程中不同位置的应力及位移的演化规律,并与上一章未充填的模型形成对比。

图 6-3 所示为 8933 工作面充填开采不同阶段煤层内($Z=7.8$ m)的应力演化情况,由图可知:(1) 对 8933 工作面的充填能够影响到该面周围的应力分布,如邻近上一工作面的临空煤柱受充填作用影响煤柱内的应力分布不再呈现非充填条件下连续开采时以端头为应力集中中心而向外辐射递减的特征,而是近似以煤柱中心为中心呈现沿工作面推进方向对称分布;(2) 对 8933 工作面的充填对远离该面的 8929、8931 工作面的影响则相对较小,就整个观测平面而言,应力集中最严重的依然是前两个工作面之间的煤柱区域,应力增量并不因后续单一工作面的充填而减小,说明对单一工作面采空区充填影响范围有限,本工作面的充填有助于缓解本工作面的应力集中,而对已采非充填区域的影响有限;(3) 8933 工作面充填后两巷附近煤体的应力分布与首采工作面开采和连续回采单侧临空的应力分布均不相同,表现为非临空侧受采动影响较小,应力集中主要出现在临空侧煤柱内;(4) 由于上巷布置在顶板岩层内,8933 工作面仅保留了进风巷和回风巷,而没有多条工艺巷,大大减少了多巷交汇的情况,从而消除了大巷、工艺巷与工作面交汇的煤柱区域应力集中情况,降低了多巷交汇发生冲击危险的概率,从这个意义而言,采用上巷进行作业时有利于原多巷交汇煤柱区稳定性的维护。

图 6-4 所示为见方来压时不同开采方式下顶板内的应力分布示意图,其中,直接顶和基本顶的位置分别取 $Z=15.1$ m、$Z=29$ m,后者为上巷所在的底平面。可知:直接顶内的应力分布与下部工作面开采基本相对应,在已开采区域,直接顶内的应力相对较低,而在未开采的煤层及煤柱区,直接顶的应力则要高于已开采区域的应力水平。充填开采后,8933 工作面直接顶的应力水平要低于未充填开采时的应力水平,且充填后在 8933 工作面顶板内的应力分布整体较为平稳,在采空区四壁及周围虽然还有应力升高,但应力升高的幅值要大大低于非充填条件下的应力增幅,说明充填体对顶板产生一定支护作用,对顶板的垮落过程起到一定缓冲,从而使得顶板内积聚的应力和能量逐渐降低。在不同的煤柱上方,两未充填工作面间的煤柱上方直接顶内的应力相差不大,而一侧充填、一侧未充填的煤柱上方直接顶内的应力则有所降低,说明充填后有助于改善临空煤柱上方顶板的应力集中情况。

而在基本顶内,可以看出上巷所在平面内的应力水平整体上要低于直接顶内的应力水

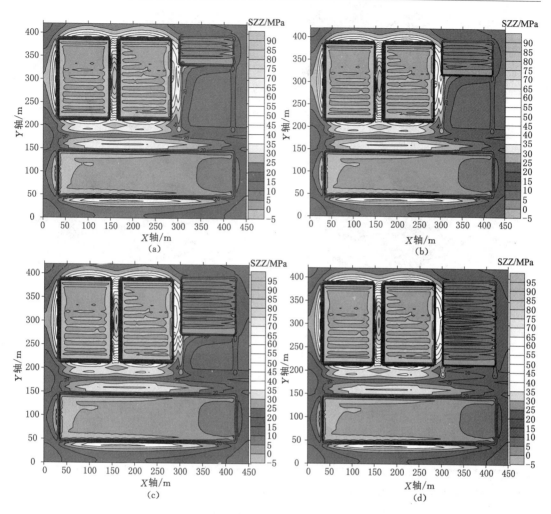

图 6-3　充填开采不同阶段的应力演化

(a) 开采 60 m 初次来压;(b) 开采 75 m 第一次周期来压;

(c) 开采 120 m 见方来压;(d) 开采完毕

平,进一步证明上巷布置在坚硬的基本顶内时能够更好地保证上巷的稳定性。而从充填与否的角度考察,可以看出充填后上巷顶板平面内的应力分布起伏不大,随着地层逐渐远离开采平面,其所受到开采层的扰动逐渐降低,因而应力集中程度更低。同时,由图 6-4(d) 还可看出,在基本顶内开掘巷道造成巷道周围的应力波动并不大,与煤层的大范围开采相比,岩层内开掘小尺寸的巷道其稳定性更容易维护。

图 6-5 所示为不同开采方式下上巷顶底部的位移变化示意图,其中,顶底部位置分别取 $Z=37$ m、$Z=25$ m 处、$X=345$ m,取 8931 工作面开采完毕时的位移量作为对比的初始位移量。可见,厚层坚硬顶板条件下,顶板岩层整体发生垂直位移的量较小,上巷的顶板和底板基本处于协调小变形状态,由于上巷顶板处于悬空状态,造成上巷顶部的位移量整体要略大于底部的位移量,但两者的变化量不大,说明上巷位于厚层坚硬顶板时稳定性较好。从上巷顶底部的位移量来看,不管充填与否,厚层坚硬顶板均以缓慢下沉为主,当采空区不进行充填时,造成采空区顶板的长距离悬顶,存在突然失稳的风险。特别是在切眼及工作面位置

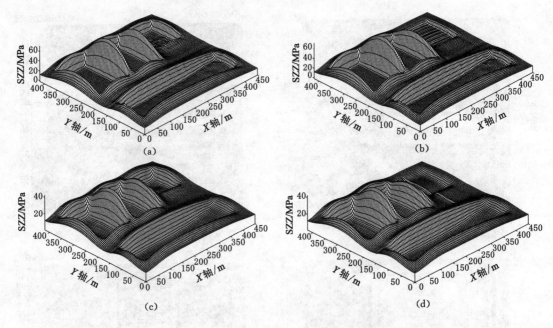

图 6-4　见方来压时不同开采方式下顶板内的垂直应力分布

(a) 非充填开采,直接顶;(b) 充填开采,直接顶;

(c) 非充填开采,基本顶;(d) 充填开采,基本顶

附近,顶板岩层的位移量出现较为明显波动,说明初始开采位置和即时开采位置所受扰动较大,在长距离悬顶情况下,顶板在切眼及即时开采位置发生剪切滑移风险增大。而在充填之后,虽然顶板的位移量整体改变不大,但由于采空区已经被充填体所覆盖,上覆厚层坚硬顶板的运动空间受到限制,虽然顶板依然能发生一定弯曲变形,但已经不具备剪切滑移的空间环境,从而大大降低顶板因来压垮落所造成的冲击危险。

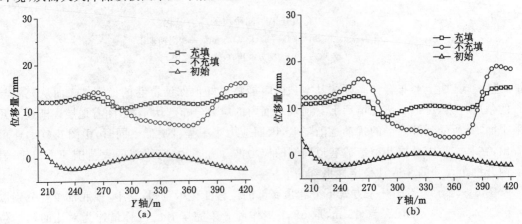

图 6-5　不同开采方式上巷顶底部的垂直位移变化

(a) 上巷顶部的位移变化;(b) 上巷底部的位移变化

综合厚层坚硬顶板内的应力分布及位移情况可以看出,在厚层坚硬顶板条件下,上巷布置在远离开采层的空间更为稳定,而在充填条件下,顶板内的应力分布较为平缓,受采动影

响应力增量不大,与垮落法管理顶板相比,充填开采更有利于上巷的维护。充填开采有利于本工作面的安全生产,上巷充填开采相对于开设工艺巷而言在技术上更具优势,上巷充填可避免多巷交汇出现从而降低冲击风险,但本工作面的充填对距离该面较远的位置影响较小。

6.3.2 条带充填开采的技术效果分析

由于采用采空区全部充填法不仅会消耗大量的材料,在无须控制地表下沉的情况下,还会造成生产成本增加。因此,采用条带式充填方法将采空区按照一定间隔进行充填,充填体可以为顶板提供一定支护作用,而未充填的条带又为顶板提供一定弯曲下沉空间,从而有利于顶板积聚能量的释放。故而,在不要求全部充填采空区的条件下,条带开采具有一定技术优势。为评价条带充填开采的技术效果,结合忻州窑矿工作面初次来压步距约为 60 m,周期来压步距约为 15 m,设计条带开采模型如图 6-6 所示。设计充填体与采空区条带的宽度均为 30 m,此时可以保证顶板达不到初次来压的条件,且充填体与采空区在开采范围内均匀分布。每次开采步距均为 15 m,开采 45 m 后将切眼充填,开采 60 m 后将临近切眼的位置充填,最终条带充填效果如图 6-6 所示。

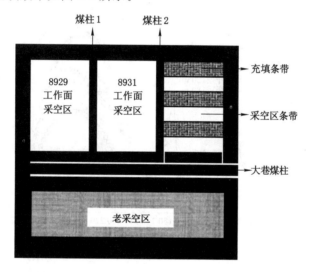

图 6-6　条带充填开采示意图

为分析条带充填开采的技术效果,选取四条测线作为观测平面,其中,煤柱 1 提取位于 $X=156$ m 的数据,煤柱 2 提取位于 $X=288$ m 的数据,8933 工作面巷道及工作面测点分别位于 $X=303$ m、$X=354$ m 处,所有测点垂直方向均位于 $Z=7.8$ m 处,初始状态以 8931 工作面开采完毕时的参数为准。图 6-7 所示为 8933 工作面采用条带充填开采时不同阶段的垂直位移演化示意图,可知:(1) 开采 60 m 后,煤柱 1 内的位移量整体保持稳定,此后回采对煤柱 1 内的垂直位移影响不大;(2) 8933 工作面开采后,煤柱 2 受采动影响垂直位移量不断增大,根据条带充填的模拟方案,开采 60 m 后已充填首采的 30 m,在此阶段垂直位移增量较大,开采 75 m 后已将第 1、2、5 开采步充填,因此在开采 75 m 后位移增量相对较小,开采 120 m 前、180 m 后均未进行充填,因此两者的位移增量相对较大;(3) 工作面巷道位置的垂直位移变化较为复杂,从整体而言位移增量要小于煤柱 2 内的位移增量,开采 60～120 m 范围时,位移增量先增加后降低,终采时,位移分布与条带式充填开采相关,在充填体上方位移量大部分以下降为主,而在大巷与工作面间的煤柱内,位移量依然表现出增加的趋势,说明条带充填对远离充填体的煤体影响减弱;(4) 工作面中部的位移量整体要小于工作

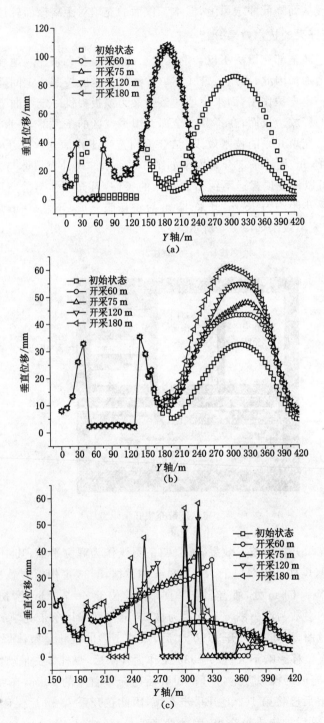

图 6-7　条带充填开采不同阶段的垂直位移演化

(a) 煤柱 1;(b) 煤柱 2;(c) 工作面巷道

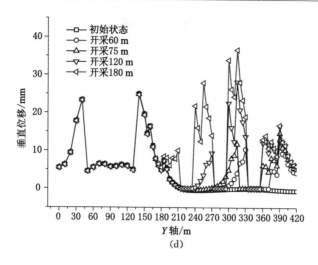

续图 6-7　条带充填开采不同阶段的垂直位移演化

(d) 工作面中部

面巷道处的位移量,工作面中部的垂直位移以缓慢增加为主,开采 120 m 前位移增加主要出现在工作面前方,终采时,整个充填体上方以位移增加为主,而在采空区未充填区域位移量基本为零,说明充填体对上覆顶板提供了一定支护作用,与充填体直接接触的顶板岩层发生缓慢弯曲下沉,而整个顶板整体上保持悬顶未垮状态,也从侧面说明,若充填体不能提供长期稳定性,则充填体的支护作用具有时效性,随着顶板的缓慢变形,从长期来看,充填体及顶板依然存在失稳风险。

图 6-8 所示为条带开采不同开采阶段垂直应力演化情况,由图可知:(1) 煤柱 1 的应力增加在开采 60 m 前基本完成,此后的开采对煤柱 1 内的应力演化影响较小,虽然煤柱 1 内的应力随开采进行而增加,但增量相对较小;(2) 煤柱 2 内的应力增加要比煤柱 1 内更加明显,且应力数值随工作面推进而持续增加,应力集中程度低于煤柱 1 的应力集中程度,但应力增幅要高于煤柱 1,煤柱 2 内的应力分布与同测线的位移分布类似,峰值点分布在靠近煤柱中部稍前的位置;(3) 对于工作面巷道位置而言,开采 120 m 前工作面前方应力以增加为主,工作面后方应力以降低为主,终采时,工作面前方应力增加,而已采区域应力均表现为下降;(4) 对于工作面中部而言,其应力大小及增量均要小于工作面巷道的应力大小和增量,回采时应力增加主要出现在工作面前方,终采后在充填体上方应力小幅增加,这与上述位移的变化相一致。

图 6-9 所示为条带开采终采时煤层内的垂直应力分布情况,由图可知:(1) 煤柱 1 位置依然为整个盘区应力集中最严重的区域,且应力集中程度并未因充填开采而有所改善;(2) 8933 工作面临空侧巷道的应力分布与全部充填时的分布基本相同,在另一侧实体煤侧的煤柱,充填体与实体煤接触的部分出现一定应力集中,但增量不大。因此,从采动过程中的应力演化而言,可以看出条带充填能够改善本工作面周围煤岩体的应力分布,但是无助于缓解远离本工作面已采空区域的应力集中。这可能与采动条件下地应力受开采活动影响而出现二次重分布有关,在这一过程中后续未受采动影响的区域整体保持原岩应力状态,而已采空区域及其周围煤岩体的应力以二次重分布的形式形成新的应力分布格局。后续开采过

程中虽然采用充填开采,但由于二次重分布的应力场已趋于稳定应力环境,越远离充填面,其应力演化受充填体的影响越小。可见,充填体的支护作用具有一定影响范围,而在本模拟

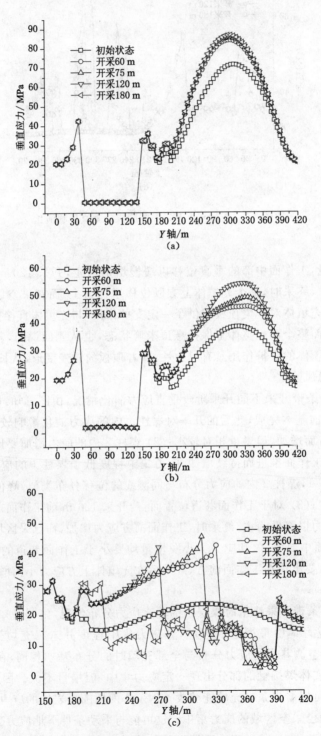

图 6-8　条带开采不同开采阶段垂直应力演化

(a) 煤柱 1;(b) 煤柱 2;(c) 工作面巷道

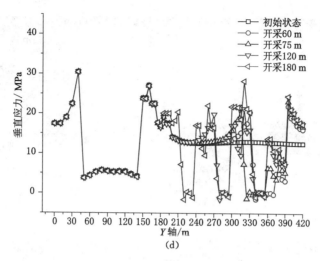

续图 6-8　条带开采不同开采阶段垂直应力演化

(d) 工作面中部

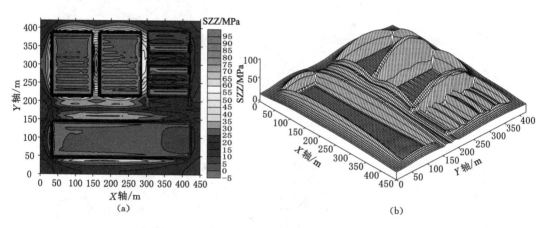

图 6-9　条带开采终采时煤层内的垂直应力分布

(a) 平面图；(b) 立体图

条件下，就改善本工作面高应力集中而言，条带开采能够实现与全部充填相类似的结果。

图 6-10 所示为不同开采方式下 8933 工作面开采完毕后模型的塑性区分布示意图，其中，煤层及顶板分别取 $Z＝7.8$ m、$Z＝17$ m 处的塑性区分布状态。根据模拟结果可知：
(1) 非充填条件下，采空区周围塑性区发育，在采空区周围塑性区的范围达 3 m，由于煤柱处于两侧临空状态，因此整个煤柱的塑性区范围达到 6 m，高应力状态下的煤柱更易失稳；
(2) 结合非充填条件下直接顶内的塑性区分布可以看出，煤柱 1、煤柱 2 及采空区上方顶板大范围处于塑性状态，已采空间顶板发生拉伸破坏，刚刚开采的 8933 工作面顶板正在经历拉伸破坏，厚层坚硬顶板条件下长距离悬顶最终导致顶板在采空区中部附近发生拉断破坏；
(3) 充填后，不管是条带充填还是全部充填，充填体能够与上覆围岩接触，因此能够传递上覆围岩施加的力并释放上覆围岩积聚的能量，充填体因顶板压力而发生塑性破坏，一定程度上缓解了顶板内的塑性发育，两种充填方式下，刚刚回采完毕的 8933 工作面直接顶内的塑

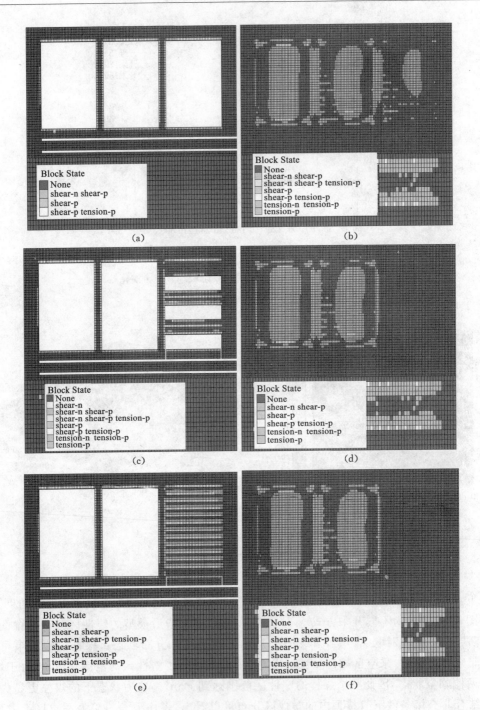

图 6-10　不同开采方式下的塑性区分布

(a) 非充填,煤层;(b) 非充填,直接顶;(c) 条带充填,煤层;

(d) 条带充填,直接顶;(e) 全部充填,煤层;(f) 全部充填,直接顶

性区均未发育,说明充填体的存在缓解了顶板的应力集中状态;(4) 对比前述研究可以发现,充填后不仅能直接改善本工作面顶板的塑性状态,而且对于邻近的 8931 工作面顶板亦

能提供一定作用,8931 工作面直接顶的塑性区分布表明,充填体面积越大,邻面采空区顶板发生破坏的时间逐渐被延后,未充填时大部分顶板已发生拉伸破坏,而充填后还有部分顶板正在经历拉伸破坏过程。

综上可以看出,采用条带开采时,充填体的支护作用具有时效性,与充填体直接接触的顶板岩层发生缓慢弯曲下沉,充填体需具备足够的强度方能保证充填体及顶板的长期稳定;充填体有助于缓解距离较近的围岩体内的应力集中,但对于远离充填体的老采空区,由于部分区域在此前的回采中已经形成高应力环境,充填体对距离较远的应力集中作用有限;从顶板的塑性区发育及顶板破坏而言,充填体面积越大,越有助于缓解充填体上方顶板的应力集中,顶板破坏的时间被逐渐延后,从而可以降低顶板来压造成的冲击破坏风险。

6.3.3 工作面条带充填开采的技术效果分析

由上述分析可以看出,对 8933 单一工作面进行充填时,不管是全部充填还是条带式充填,都无助于缓解煤柱 1 内的高应力集中,而且煤柱 2 内的应力也会受采动影响而逐渐增加。由于煤柱的存在及长距离悬顶的出现,造成已回采空间的顶板存在突然失稳风险,已回采空间的来压会造成邻近区域内的煤岩体失稳,进而对采煤工作面产生不利影响。考虑到上述开采方案中煤柱 1 内依然存在高应力集中情况,设计如图 6-11 所示的工作面条带充填开采方案。本方案以 8929 工作面回采完毕后的模型为基础,在 8931 工作面开采过程中采取与全部充填 8933 工作面相类似的充填开采方案,待 8931 工作面回采完毕后,采用非充填法回采 8933 工作面,观察此过程中不同区域的应力演化等情况。

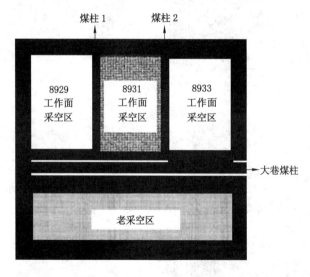

图 6-11　工作面条带开采示意图

图 6-12 所示为工作面回采过程中煤层内垂直应力演化过程示意图($Z=7.8$ m)。由图可见:(1) 8929 工作面回采完毕时,已在该工作面采空区周围及老采空区周围形成初始的应力集中,在后续开采 8931 工作面过程中,由于采用充填开采,煤柱 1 所在位置的应力增量明显下降,说明对 8931 工作面的充填能够明显改善煤柱 1 的应力集中状况,从而降低煤柱及临空巷道发生冲击地压的危险;(2) 由于 8931 工作面进行充填,该面与大巷交汇的煤柱区域并不具备多巷交汇的条件,该区域的应力集中程度要比垮落法开采时有所降低;(3) 虽

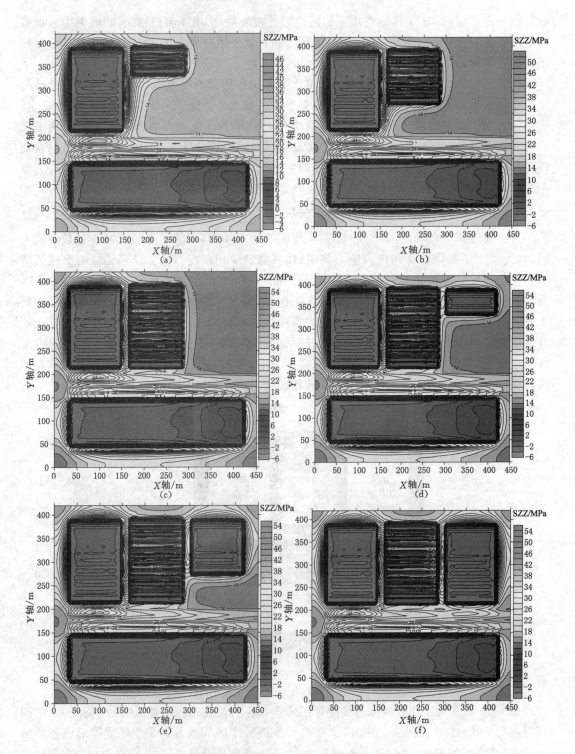

图 6-12　工作面回采过程中煤层内的垂直应力演化示意图

(a) 8931 工作面开采 60 m；(b) 8931 工作面开采 90 m；(c) 8931 工作面开采 120 m；
(d) 8933 工作面开采 60 m；(e) 8933 工作面开采 90 m；(f) 8933 工作面开采 120 m

然 8931 工作面已进行充填,但煤柱 1 依然是应力集中最为明显的区域,8931 工作面前方的应力分布与连续回采时相类似,临空端头位置是应力集中较为明显的区域;(4)截至 8931 工作面回采完毕,煤柱 1 内的应力增加基本趋于稳定,在后续回采 8933 工作面过程中,煤柱 1 内的应力增量较小,说明该煤柱受力逐渐趋稳,若能在充填回采 8931 工作面过程中保证该煤柱的稳定性,则煤柱 1 的长期稳定性也相对较高,而如果在开采 8931 工作面之前在煤柱 1 就已形成足以使其破坏的高应力环境,则其失稳风险增加;(5)8933 工作面回采过程中,受 8931 工作面充填影响,煤柱 2 内的应力集中程度明显降低,其应力水平要低于回采 8929 工作面后煤柱 1 内的应力水平,一方面可能与煤柱远离模型边界有关,另一方面,8931 工作面采空区充填体对顶板提供了支护作用,相当于延长煤柱 2 的宽度,从而有利于煤柱 2 的稳定,受此影响,回采 8933 工作面过程中不再出现临空端头高应力集中,虽然该位置应力提高较为明显,但提高的程度要低于 8931 工作面的临空端头。

图 6-13 和图 6-14 所示分别为不同开采阶段直接顶及基本顶内的垂直应力演化过程示意图,其中,直接顶和基本顶的位置分别取 $Z=15.1$ m、$Z=29$ m。由图可见:(1)与充填 8933 工作面相比,充填 8931 工作面后直接顶和基本顶的应力水平都有所下降,其中直接顶内的应力下降更为明显;(2)回采过程中,8931 工作面充填体上方的直接顶应力水平相对较为稳定,在充填体四周出现一定应力升高,应力随开采 8931、8933 工作面而渐次升高,8933 工作面开采完毕后,充填体四周的应力水平达到最大,但要低于煤柱 1 区域的应力水平;(3)在整个回采过程中,基本顶内的应力增加并不明显,虽然采空区边界及相应的煤柱上方基本顶内应力所有增加,但增幅非常小,说明充填 8931 工作面后整个开采空间的基本顶都处于较为稳定的状态;(4)总体而言,到三个工作面回采结束时,整个已采空间上方的直接顶和基本顶的应力分布总体上以 8931 工作面为中心对称分布,说明在高应力环境形成前对 8931 工作面充填有助于缓解邻近两工作面顶板的应力集中。

图 6-15 所示为工作面条带充填开采过程中塑性区分布示意图,其中,煤层及顶板分别取 $Z=7.8$ m、$Z=17$ m 处的塑性区分布状态。由图可知:(1)煤层开采后,在采空区周围煤体中形成塑性区,沿采空区边缘形成剪切破坏带,煤柱 1 的边缘塑性区范围要大于煤柱 2 及边缘部分煤柱的塑性区范围,8933 工作面两侧煤壁塑性区范围要小于 8929 工作面两侧煤壁的塑性区范围;(2)由于充填作业滞后于煤炭开采,在充填体中出现拉剪交替的塑性区,整体而言,充填体未发生失稳破坏;(3)在顶板内,在 8929 工作面开切眼前方形成一定范围的拉伸破坏区,随着后续开采的进行,拉伸破坏区范围不断扩大,这一区域的位置相对而言远离充填体,而 8929 工作面采空区上方顶板的剪切破坏区则靠近充填体;(4)充填体上方顶板整体保持稳定,未达到破坏状态;(5)8933 工作面采空区上方顶板出现一定塑性区,该塑性区面积要小于 8929 工作面顶板的塑性区范围,且位置偏向于远离充填体;(6)与充填 8933 工作面相比,充填 8931 工作面后相邻两面的采空区顶板内的塑性区被充填体上方稳定岩层所分隔,不能形成大范围的塑性变形区,更加有利于顶板的稳定。

综上可以看出,煤柱 1 的稳定有赖于采动影响后形成的二次地应力环境,当高地应力环境已经形成时,充填 8931 工作面对于保护煤柱 1 的稳定作用有限。与充填 8933 工作面相比,充填 8931 工作面能够有效抑制煤柱 2 内高应力状态的形成,从而提高煤柱 2 的稳定性,且顶板内的塑性破坏区被充填体上方完整顶板所分隔,有利于提高顶板的稳定性。

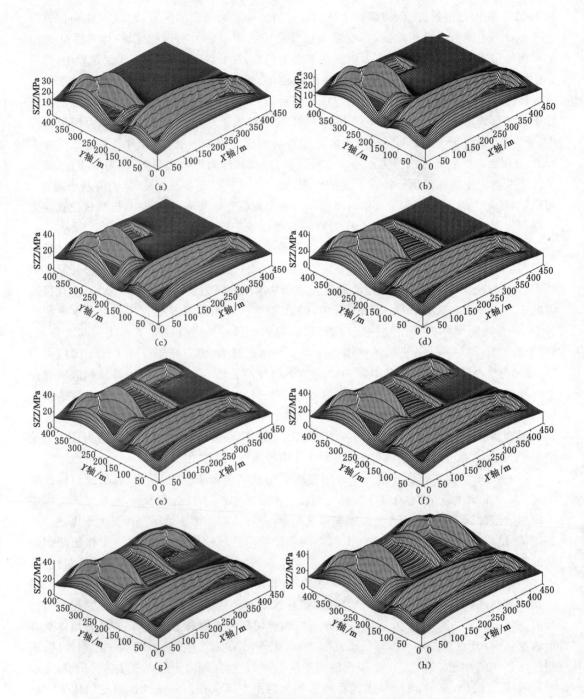

图 6-13 不同开采阶段直接顶内的垂直应力演化

(a) 8929 工作面回采完毕；(b) 8931 工作面回采 60 m；(c) 8931 工作面回采 75 m；

(d) 8931 工作面回采 120 m；(e) 8933 工作面回采 60 m；(f) 8933 工作面回采 75 m；

(g) 8933 工作面回采 90 m；(h) 8933 工作面回采 120 m

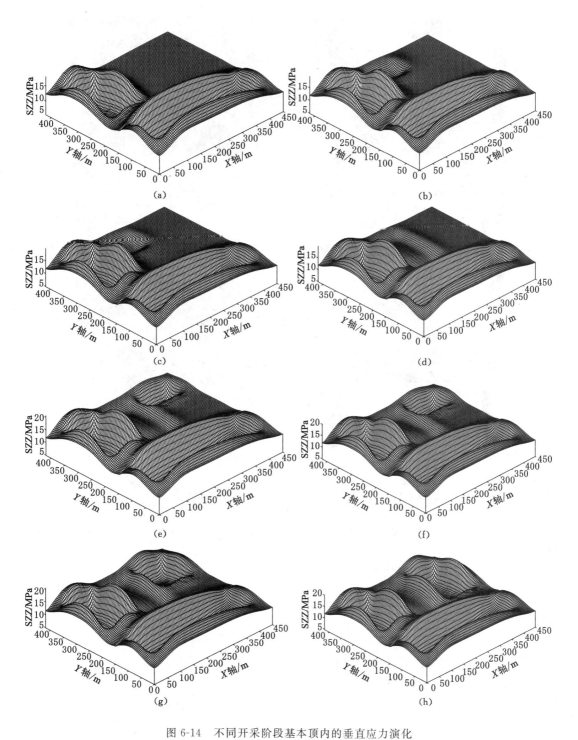

图 6-14　不同开采阶段基本顶内的垂直应力演化

(a) 8929 工作面回采完毕；(b) 8931 工作面回采 60 m；(c) 8931 工作面回采 75 m；

(d) 8931 工作面回采 120 m；(e) 8933 工作面回采 60 m；(f) 8933 工作面回采 75 m；

(g) 8933 工作面回采 90 m；(h) 8933 工作面回采 120 m

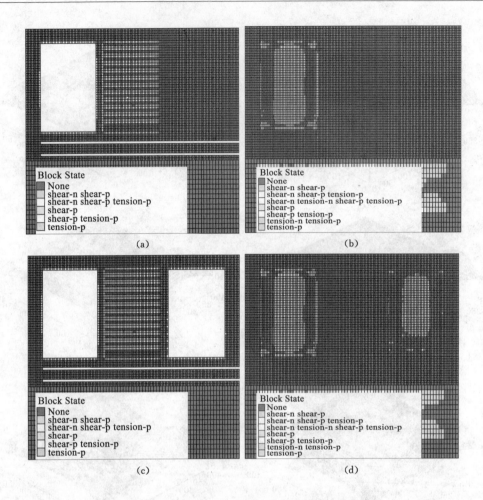

图 6-15　工作面条带充填开采过程中塑性区演化示意图

(a) 煤层 8931 工作面开采后；(b) 顶板 8931 工作面开采后；

(c) 煤层 8933 工作面开采后；(d) 顶板 8933 工作面开采后

6.3.4　工作面交替条带充填开采的技术效果分析

　　为进一步分析工作面条带充填的技术效果，设计如图 6-16 所示的工作面交替条带充填开采技术方案，本模拟以老采空区区域开采后的模型为基础，将老采空区充填后进行 8929 工作面的充填开采，然后顺序回采 8931、8933 工作面，其中，8931 工作面采空区不进行充填，观察整个开采过程中的应力演化及其他变化，并与上述研究形成对比。

　　图 6-17 所示为不同回采阶段煤层内的垂直应力演化示意图，其中，煤层平面取 $Z=$ 7.8 m处。根据模拟结果可知：(1) 8929 工作面开采前基本处于原岩应力状态，进行充填开采后，工作面周围应力略有升高，但相对于原岩应力水平而言，应力的增加值相对较小，由于回采后并不能立即充填，导致充填体间隔出现应力增加，但应力所达到的水平与工作面周围基本相同，说明 8929 工作面的充填开采未造成该面周围高应力集中；(2) 回采 8931 工作面时采用垮落法管理顶板，厚层坚硬顶板条件下顶板的长距离悬顶造成工作面周围形成高应力集中，应力增加量较大，超过原岩应力 1 倍以上，应力集中区主要位于切眼及两巷周围，位

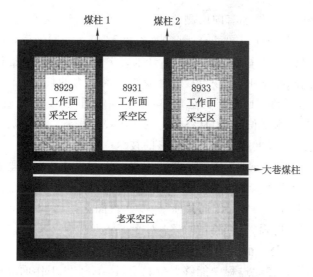

图 6-16　工作面交替条带充填开采示意图

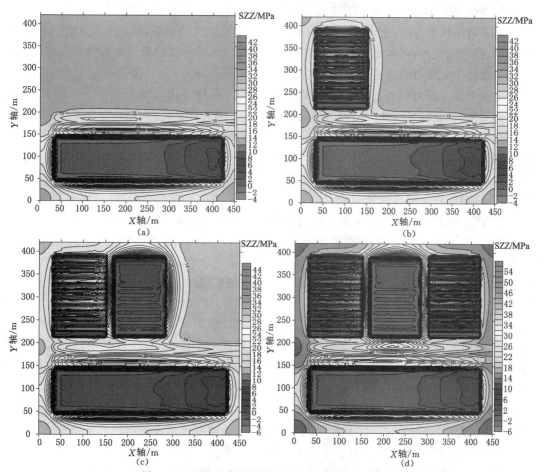

图 6-17　不同回采阶段煤层内垂直应力演化示意图

(a) 8929 工作面回采前；(b) 8929 工作面回采完毕；

(c) 8931 工作面回采完毕；(d) 8933 工作面回采完毕

置略滞后于开采位置,应力增加有向两侧工作面扩展趋势;(3) 受 8931 工作面未充填影响,煤柱 2 在 8933 工作面开采前应力就有所增加,在 8933 工作面回采后,煤柱 2 的应力集中程度及范围均要大于煤柱 1,使得煤柱 2 成为本开采方案中发生冲击失稳最大的区域;(4) 煤柱对高应力转移起到阻隔作用,在一定程度上减缓了高应力的传递,在 8933 工作面回采时 8929 工作面的应力水平整体已趋于稳定,8933 工作面临近 8931 工作面的一侧虽然受上一工作面未充填影响应力水平偏高,但从终采时的应力峰值来看,本模拟方案的应力水平要显著低于前述各充填方案,说明本方案具备明显的技术优势。

图 6-18 和图 6-19 所示分别为不同回采阶段煤柱 1 和煤柱 2 内的垂直应力演化过程,两煤柱分别取 $X=156$ m、$X=288$ m 处。图 6-20 所示为两煤柱内峰值应力随开采步的变化示意图,其中每步开采 15 m,三个工作面共回采 36 次。图 6-18 至图 6-20 更详细地展示了高应力集中区域应力演化过程。由图可知:(1) 对于煤柱 1 而言,8929 工作面开采过程中煤柱 1 内的应力缓慢增加,直至本面开采完毕应力增加量都相对较小,应力增加量未超过煤体的单轴抗压强度,说明煤柱在此过程中能够保持稳定,且在 8929 工作面最后一个回采步时,整个煤柱内的应力分布较为平均。8931 工作面开采后,煤柱 1 内的应力增加量显著增加,应力峰值点随着工作面推进而不断前移,直至 8933 工作面开采前 15 m 时,煤柱 1 内的应力仍处于显著增加状态,此后由于 8933 工作面采取充填采空区的措施,煤柱 1 内的应力虽然仍有增加,但增幅较小,基本上已趋于稳定状态,说明 8933 工作面的充填作业也在一定程度上抑制了煤柱 1 内应力的快速增加。(2) 对于煤柱 2 而言,8929 工作面开采过程中煤柱 2 内的应力处于原岩应力状态,随着 8931 工作面的开采,煤柱 2 内的应力出现显著增加,8931 工作面见方来压后,煤柱 2 内的峰值应力超过煤柱 1 内的峰值应力,此后煤柱 2 内的峰值应力一直大于煤柱 1 内的应力。充填回采 8933 工作面过程中,煤柱 2 内的应力一直处于增加状态,初期增加幅度相对较大,8933 工作面达到见方来压位置后煤柱 2 内的应力开始保持相对稳定状态,峰值应力在此过程中小幅度增加。说明采用本方案充填时,对煤柱 1 的影响相对较小,对煤柱 2 的影响相对较大。

图 6-21 所示为不同开采阶段煤层及顶板内的塑性区分布示意图,其中,煤层及顶板分别取 $Z=7.8$ m、$Z=17$ m 处的塑性区分布状态。可以看出:(1) 煤层采出后进行充填,充填体与顶板接触而产生不同程度的变形破坏,有利于减缓顶板的破坏,从模拟结果来看,采空区充填后的顶板未发生塑性破坏,而没有进行充填的采空区上方顶板则出现较大范围塑性区,且塑性区范围随后续开采活动的进行而有所扩大;(2) 8931 工作面采空区顶板长距离悬顶后以张拉破坏为主,此后又在采空区边缘附近发生剪切破坏,待 8933 工作面充填后,8931 工作面张拉破坏范围有所降低,而剪切范围则进一步扩大,塑性区范围整体以工作面中心呈对称分布,但略滞后于推进方向;(3) 老采空区垮落充填体在后续回采中未发生塑性破坏,而老采空区顶板则出现一定塑性区范围,在 8933 工作面回采完毕后,老采空区顶板塑性区范围基本保持稳定,塑性区在垂直于工作面中部上方顶板相对较小,主要分布在中部及边界之间,从破坏时间来看,越早开采区域的破坏中心受后续采动影响越严重。

综上可见,对于连续回采的工作面,采用工作面交替充填时从首采工作面开始充填要优于从第二个工作面开始充填,首采工作面充填后能够抑制高地应力环境的形成,从而保证首采工作面与下一工作面间煤柱的稳定性。原岩应力在采动重分布后保持较低增长水平,而更远处的未开采工作面处于原岩应力状态,非充填工作面处于两较低地应力场中间,有利于

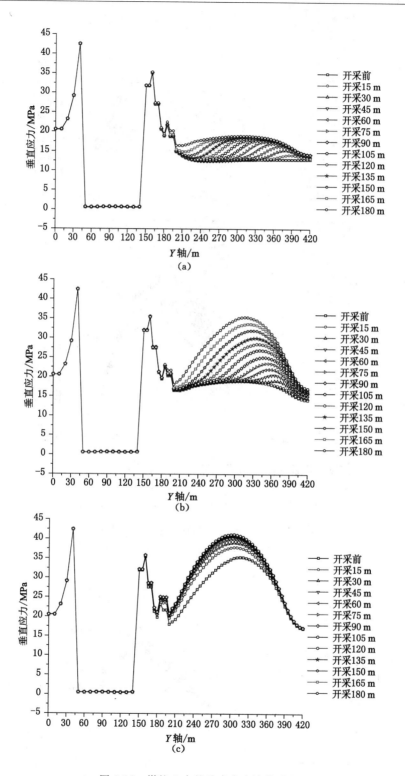

图 6-18 煤柱 1 内的垂直应力演化过程

(a) 8929 工作面回采过程；(b) 8931 工作面回采过程；(c) 8933 工作面回采过程

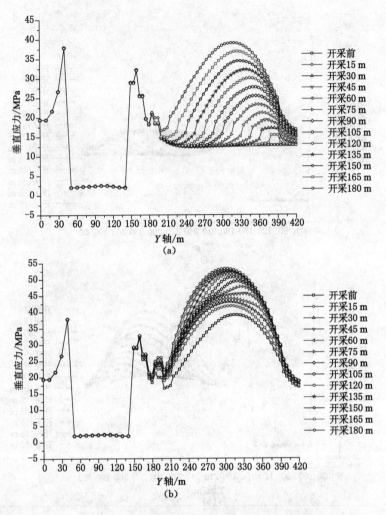

图 6-19　煤柱 2 内的垂直应力演化过程

(a) 8931 工作面回采过程；(b) 8933 工作面回采过程

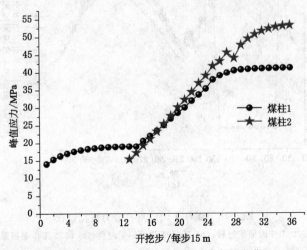

图 6-20　煤柱内峰值应力随开采步的变化

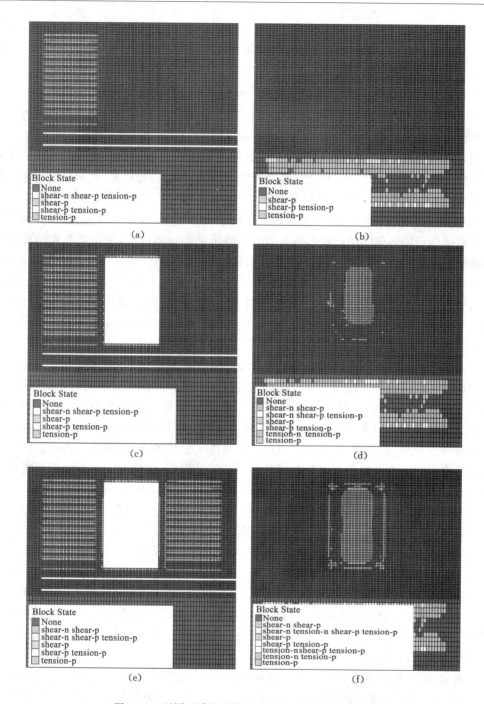

图 6-21　不同开采阶段煤层及顶板内的塑性区分布

（a）煤层 8929 工作面开采后；（b）顶板 8929 工作面开采后；（c）煤层 8931 工作面开采后；

（d）顶板 8931 工作面开采后；（e）煤层 8933 工作面开采后；（f）顶板 8933 工作面开采后

顶板的维护和安全开采。此时，未充填面与下一充填面之间的煤柱存在高应力集中区，生产过程中需对此煤柱区域进行重点监控。

6.4 讨论:煤炭的安全与绿色开采

6.4.1 我国煤炭开采所面临的安全与环境问题

煤炭作为我国的主要能源,为我国经济的高速增长提供了有力保障。2013~2015 年,煤炭消费量在我国能源消费总量中的占比分别达到 67.1%、67.5%、66.0%,根据政府的发展规划,即使到 2020 年,煤炭在我国所有能源使用量中占比依然达到 60%,凸显了煤炭对于我国经济发展的重要意义。从世界煤炭的生产和消费而言,近年来,我国煤炭产量和消费量已跃居世界首位[199-202],煤炭不仅是我国的基础能源,还牵涉我国的经济增长和社会稳定。随着我国经济的发展,人民对生活质量的追求也越来越高,诸如雾霾、地表下沉等与煤炭开采有关的环境污染问题已经影响人们的生活质量和身体健康,从而刺激人们对环境保护的期盼。近年来,由环保所引发的群体性事件对我国的社会稳定产生了不利影响,环保问题呈现从技术问题向社会问题演变的趋势[203]。由煤矿开采所导致的地表下沉、开采补偿、空气污染等都在刺激着大众的神经,成为社会不稳定的影响因素,同时,每年仍有近千人死于煤矿事故,提高矿工工作环境的安全性依然是我国煤矿业需要解决的问题。如何从技术上提高工作环境的安全性,如何利用技术手段实现经济发展与环境保护的和谐发展,如何避免环保诉求向群体性社会事件转移是困扰管理者的问题。

我国煤矿事故主要由瓦斯爆炸、顶板垮落、矿井水灾、火灾等诱发,其中,顶板垮落和瓦斯爆炸是高发事故,造成大量人员伤亡和财产损失[205]。顶板垮落法是我国井工煤矿开采中处理采空区所采用的主要方法,在地下煤炭被采出后,任由顶板自行垮落,有时为了避免大面积悬顶也会采用一定技术手段加速顶板的垮落。但总的来看,开采后所遗留的空场空间将由原有煤层上方的岩层断裂垮落后填充。在该过程中,伴随着工作面周围煤岩体裂隙的发育,从而加速了存在于煤岩层中的瓦斯向工作面和巷道涌出,一定条件下会诱发瓦斯爆炸[206]。垮落法管理采空区顶板还会造成工作面周围应力分布不均和应力集中,在开采活动的影响下,高应力集中有可能向巷道和工作面上方转移,易于顶板垮落的形成,甚至会造成严重的煤岩体冲击事故[207]。同样的,矿井水害与顶板垮落法管理顶板也有着密不可分的关系,一方面,采空区周围岩层的破断影响了含水层的稳定性,另一方面,开采活动导致的岩层裂隙发育为矿井水突出提供了有利条件[208]。可见,若不考虑工人经验、机械事故等原因,人类开采煤炭后留下巨大范围的采空区是人类自身为煤矿事故埋下的种子,采空区的存在为煤岩体的裂隙发育和失稳破坏提供了条件,因此,在长壁开采中,垮落法管理顶板是煤矿事故的主要元凶之一。

煤炭开采及利用带来诸多环境问题,如地表下沉、固废污染、空气污染、水损害等[209-211]。如前所述,煤层被采出后的空间被断裂岩层填充,岩层的断裂和裂隙发育自下而上逐渐向地表扩展就导致地表下沉的发生,地表下沉还会进一步导致建筑物受损、耕地塌陷等,影响地表居民的生活。近年来的研究表明,采空区充填虽然不能彻底消除地表下沉,却可以减缓甚至控制地表下沉,从而减轻煤矿开采造成的地表下沉损害[212]。煤矿固废污染主要是指开采过程中产生的煤矸石。在煤炭开采过程中,不可避免地要破坏一些地层中赋存的岩石,掘进或开采产生的岩石不能产生足够高的热量而使得它们成为固体废弃物,长期积累后会有相当数量的煤矸石被堆放在地面,久而久之就形成矸石山。虽然煤矸石不能当作燃料使用,但其依然具有一定的发热量,长久堆积在地面就会挥发对空气有害的气体、向土壤释放重金属元素,甚至发生自燃、垮塌伤人的事故。由于目前的技术并不能将这些固体废弃物完全在地面处理利用,使得仍有大量的固体废弃物堆积如山并对环境产生不良影响。每年维护矸石山、处理矸石风险等都会增加企业的运营成本,可以预想,只要这些固体废弃物依然堆积在地面,其不良影响就难以被彻底消除。煤矿开采所造成的空气污染一方面源于生产过程中运输、洗选煤炭过程产生的煤尘、颗粒物等,以及煤炭及矸石山堆放过程向空气中释放的有害物质;另一方面源于煤炭燃烧过程中会生成二氧化硫、氮氧化物和可吸入颗粒物等,这些物质构成城市雾霾的主要成分,煤炭也因此被认为是我国城市雾霾的最重要元凶之一[214]。然而,煤炭燃烧释放热量主要依靠碳元素的燃烧反应,而并不依赖硫化物、氮化物,进一步提升煤炭的清洁洗选,降低煤炭作为燃料使用时硫化物和氮氧化物的比例,一定程度上能够减轻煤炭燃烧造成的环境污染。但燃烧的矿渣、粉煤灰等固体废弃物依然需要被谨慎处理,否则也会形成类似于矸石山的风险。煤矿开采造成的水损害,既包含前述的煤矿开采造成的含水层破坏进而导致地面水资源匮乏、土地荒漠化,这种影响与垮落法管理顶板关系密切;还包括洗选煤炭过程造成的工业废水排放以及矿井突水事故过程中因抢险而无暇顾及的矿井水排放等,后者与管理水平有很大关系,而前者则需要从改善开采技术角度着手[215]。可以看出,垮落法管理顶板对地表下沉和水损害有重要影响,而固体废弃物在地面的堆积又会破坏地面环境,要改善煤矿开采所导致的环境问题,就要从这两方面着手,否则永远不能从根源消除开采造成的环境损害。

综合煤矿事故和环境保护两方面来看,垮落法管理采空区顶板的方式是长壁开采的一个漏洞,煤炭企业虽然因垮落法管理顶板节约了部分生产成本,而由此造成的煤矿事故和环境损害却需要更多人来承受。垮落法管理顶板并不是绿色的、可持续的、和谐的开采方式,在我国用煤量居高不下的前提下,应从技术上改革这种落后的采空区顶板管理方式,从更长远的角度考虑煤矿开采和环境保护之间的关系,利用安全的煤矿开采实现能源的合理利用和更好的环境保护,而非增加环境负担、破坏人居环境。

6.4.2 煤炭绿色开采及其外延

广义的绿色开采包括充填开采、煤炭地下气化等多种开采形式[216],而从解决采空区诱发的煤矿事故和环境保护而言,充填开采是绿色开采中效果最为显著的技术之一。但由于充填开采造成生产成本增加,使得部分企业只注重眼前利益而忽视煤炭开采所造成的长远不良影响。应该指出,企业的社会责任不能仅仅着眼于当下,而应该同样对未来负责。

过去十年,我国的城市化经历了高速发展。在城市化过程中,伴随着城市人口的增加,就不可避免地产生了城市垃圾问题,城市垃圾既有居民的生活垃圾,也有建筑材料垃圾等。与煤矿的固体废弃物不同,城市垃圾产生于社会中的独立个体,最终会汇集到垃圾处理场并堆积如山,两者都形成惊人的数量,并对环境产生不良影响。根据 2014 年的报道,我国约 2/3 的城市处于垃圾包围之中,其中 1/4 已无填埋堆放场地,城市垃圾堆存累计侵占土地超过 5 亿 m^2,随着我国经济的持续增长,我国城市化进程还将不断推进。我国城市垃圾的产量还会不断增长,预计到 2020 年城市垃圾产量达 3.23 亿 t,我国垃圾的年产量将以每年 8%~10% 的速度增长[217]。存量垃圾和新增垃圾都在影响着市民的幸福生活,然而很多市民却依然没有意识到垃圾围城的风险。

目前,城市垃圾的处理主要以填埋、焚烧、堆肥为主[218]。然而,我国还没有出台统一的文件用于规范垃圾填埋场的埋藏深度,不过根据已有的工程建设情况,现有的垃圾填埋场深度一般较浅(不超过几十米),特别是老旧垃圾填埋场,甚至就位于现在新建楼房之上,这种情况造成当地楼价偏低和附近居民对楼房稳定性、身体健康的忧虑。浅埋垃圾不仅会影响上覆建筑物的长期稳定,还有可能对周围的土壤、地下水等产生不利影响[219]。因此,浅埋垃圾虽然将垃圾从人们的视野之内清除,却没有清除掉垃圾对人类生活潜在的不良影响。垃圾焚烧也是处理城市垃圾的主要方式之一,但目前普通民众对于焚烧厂的环保性等还存在诸多疑问,以至于在我国发生过多次居民对建立垃圾焚烧厂的抗议活动,如 2014 年 5 月杭州市余杭区有 5 000 多人聚集在通往焚烧发电厂建造地的公路上抗议建造垃圾焚烧厂,游行人员甚至还与警察发生冲突;2014 年 9 月 13 日广东惠州市博罗县大批居民举行游行示威,抗议当地兴建一座焚烧发电厂;2015 年 1 月 5 日,广东省深圳市数千市民抗议日烧5 000 t 的大型垃圾焚烧场选址龙岗区坪地街道,集会被大批警察强行驱散,多人被抓捕[220-222]。这种抗议造成社会的局部不稳定。专家认为的技术上可行和老百姓心中的技术不可控之间存在差距,使得普通民众接受垃圾焚烧厂还存在一些困难。而且垃圾在焚烧过程中依然要产生固体废弃物、有毒有害气体、颗粒物等,解决这些问题需要技术和资金的支持。垃圾堆肥主要针对可降解的、能产生肥料的垃圾,这类垃圾的类型较为特殊。由于垃圾堆肥的产物可以用于耕地使用,堆肥可以认为是相对较为环保的垃圾处理方式,但垃圾堆肥过程中仍要面临挥发恶臭气体、处理周期长、场地难清理等问题[223]。由于垃圾堆肥相对比较环保,这种垃圾处理方式基本不会引起较大的社会稳定问题,未来的研究应集中在垃圾的分选、缩短堆肥周期、堆肥产物的城乡分配等方面。

总的来看,固体垃圾是城市垃圾的主要类型,垃圾的填埋和焚烧较容易引发社会群体性事件。解决垃圾围城问题,不仅要解决存量垃圾的堆放问题,还要解决垃圾的环保处理问题。显然,目前的浅源垃圾填埋和令人不安的垃圾焚烧并不能完美地实现上述目的,而垃圾堆肥又无力应对多种多样的城市垃圾。

综合考虑煤矿开采与垃圾围城造成的环境问题,发现两者与垮落法管理顶板和地表固体废弃物堆积有密不可分的关系。因此,需要将煤矿开采造成的采空区与地面堆积的大量固体废弃物联系起来,利用更多的固体废弃物实现采空区充填,协同解决煤矿开采、环境保护、城市发展所遇到的问题。

基于上巷防灾技术,本书提出如图 6-22 所示的技术方案,其基本思路为:在城市,垃圾产生后进行收集、分类、干燥、塑型备用。煤矿开采后,首先通过煤层巷道将煤矸石、城市固体垃圾等填充到采空区,由于充填技术和填充材料自然堆实、压缩的发生,使得采空区不可能被 100%充填。且单纯的固体废弃物间缺少胶结材料,其整体性不强。因此,在采空区充填固体废弃物后,从上方巷道向下开设大直径钻孔,并将由粉煤灰、水泥、矿渣等构成的胶结料浆通过钻孔填充到下部采空区。由于料浆具有一定流动性,能够在已经充填的固体废弃物间流动并将固体废弃物的块体胶结起来,从而增强充填物的整体性,进而提高充填物对顶板的支撑作用,减少顶板破断和严重的地表下沉。而且料浆还有一定水分,能够减少充填物与空气接触,避免其发热自燃。待下部采空区充填完毕后,可以采用高浓度胶结材料将上巷进行后退式充填,从而更好地控制岩层稳定[193]。当充填的目的仅为处理垃圾时,也可以不开设顶板的上巷,从而节约生产成本。与传统的充填开采相比,本书提出的方案一方面增加城市垃圾作为充填材料,可有效减少地表垃圾的堆积;另一方面,利用上巷钻孔完成胶结料浆向采空区注浆,可提高充填体的整体稳定性,进一步的还可以研究利用上巷和钻孔将城市浆体垃圾填充到采空区的可能性,从而更大范围地利用煤矿采空区服务于城市垃圾处理。

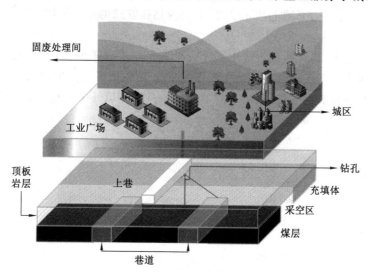

图 6-22 技术方案

本技术利用煤矿采空区来处理固体废弃物,从而实现环境保护的目的,从已有的采空区充填技术而言,本技术具备可操作性。首先,煤炭当前及未来一段时间都将是我国的主要能源,煤炭的开采还将持续进行,那么采空区就会不可避免的出现,解决顶板垮落法所造成的环境问题和安全问题,充填采空区是预防煤矿开采引发环境损害的重要手段;其次,随着我国经济的发展,城市化发展程度越来越高,城市人口和总人口数量的增加都将造成城市垃圾越来越多,现有的浅源填埋、焚烧技术不仅效率较低,还面临着潜在的社会问题和环境问题,现有的技术并不能彻底解决垃圾围城的问题,需要寻找新的、更为安全可靠的、容量足够大的方式来存放不断产生的垃圾,采矿采空区恰好满足这一条件;第三,我国大部分煤矿为井工开采,开采深度平均在 400 m 以上,这一深度要远比现有的填埋深度深得多,且充填物的上下都是坚硬的岩层,能够限制这些固体废弃物的运动,固体废弃物被充填后能够保证长久留在地下,从而减少对地面的潜在污染;第四,我国大部分煤矿位于内陆地区,可避免海啸、台风等极端自然灾害的影响,即使发生极端自然灾害,由于埋藏深度在数百米以上,要远比现有的浅源垃圾填埋安全得多。此外,除煤矿外,我国还存在着一定数量的地下开采的金属矿,这些矿井开采后形成的采空区也可以成为固体废弃物堆放的场所。

但我们应该清醒地意识到,与单纯使用煤矿固体废弃物充填相比,应用城市垃圾充填采空区还面临着一些挑战:首先,城市垃圾类型多样,而适用于充填采空区的一般要求为干燥、易于压制成型的固体垃圾,这就要求具备完善的垃圾分类、垃圾干燥和垃圾塑型系统,从而迅速地筛选出适用于充填的固体垃圾并将它们干燥压缩制成一定形状易于运输的块体;其次,这项技术牵涉煤矿和垃圾处理场两家单位的利益,协调两家单位的合作和处理利益分配将是一件麻烦事;第三,自 2012 年底以来,我国煤炭企业的经营状况大不如前,而增加充填设备、充填工人、处理充填材料等均需要增加企业的运营成本,单纯将采空区作为垃圾堆放场所还会对企业的生产效率造成一定影响,造成企业主动承担垃圾处理的积极性不高;第四,我国东南部地区煤矿数量相对较少,如人口数量较多的广东、香港等地,将这些城市垃圾运送至最近的煤矿距离也相对较远,且运输效率有限,这是限制我国东南部一些重要城市应用此技术的瓶颈。此外,采用上巷充填时,上巷内钻孔管路的维护和回收也是需要解决的技术问题。

但从长远利益来看,在我国不得不进行大量地下煤炭开采的条件下,与现有技术相比,本书提出的技术方案不仅能够更好地实现煤炭安全开采和环境保护的双赢,而且有利于社会的稳定并能得到政策的支持,利用不同类型材料进行充填开采具有广阔前景。

7 结论与展望

7.1 主要研究结论

煤系地层地质赋存条件与采动影响是造成冲击地压的两类主要因素,结合同煤集团忻州窑矿厚层坚硬煤系地层条件,本书采用统计调研、力学实验、正交试验、数值模拟、理论分析、技术创新等多种方法对厚层坚硬煤系地层冲击地压机理及防治技术展开研究。通过研究,获得以下主要结论:

7.1.1 煤系地层地质赋存条件与冲击地压的相关性

(1) 我国冲击地压矿井在平面分布上具有北多南少、东多西少的特点,且冲击地压矿井的空间分布具有一定区域聚集特征;统计表明,冲击地压的发生时间具有离散性;从冲击特征而言,冲击前一般煤炮频繁,底板及两帮是受破坏较为严重的区域,在临空超前巷道高发。

(2) 对地质赋存因素的统计调研表明:① 冲击危险性区域一般处于煤层合并区,冲击危险性煤层上方至少存在一层厚层坚硬砂岩;② 冲击地压矿井的地应力水平较高,地应力分布要比普通矿井的地应力场更为复杂;③ 冲击地压矿井的煤样主要表现出弱冲击特性,其次为强冲击,所占比例最少的是无冲击,现有的冲击倾向性评价对强、弱、无的界限区分度不足;④ 不同倾角、埋深、构造、瓦斯、水文环境下都可能发生冲击失稳,但相对而言,构造活动对冲击地压的影响更大更直接;⑤ 在各种地质因素中,厚层坚硬地层居于核心地位,为冲击地压所需的高应力和高能量环境提供物质基础,使得冲击地压频发具备物质条件。

7.1.2 基于真实地层厚度比的坚硬组合煤岩破坏特性

(1) 采用正交试验法研究 RFPA 中输入的内摩擦角、单轴抗压强度、压拉比、弹性模量、泊松比、均质度对输出结果的影响,表明:RFPA 中弹性模量和均质度对输出结果有重要影响,两者数值较高时,输出强度随之增加,运算时步也会增加,而输入的单轴抗压强度对输出强度有显著影响,但其对加载步的影响并不十分显著,其余因素对输出结果的影响相对较弱。

(2) 单轴加载条件下:① 二体真实比组合体与二体等比组合体相比,顶板—煤组合的强度有显著提升,而煤-底板组合的强度变化并不明显,二体组合时破坏主要以煤层破坏为主;② 三体真实比组合体强度低于二体顶板—煤组合强度、高于二体煤—底板组合强度,当煤体在组合体中比例较大时,会使得组合体的强度更趋近于煤体的单体强度,而顶板比例提高时,组合体强度有增大趋势。

(3) 单轴条件下孔洞结构对组合体破坏的影响研究表明:① 相同尺寸孔洞位于组合体不同位置时,对组合体峰值强度影响不大,与无孔洞相比,孔洞位于顶板时强度略有增加,其他两种情况下略有下降;② 受孔洞结构影响,组合体在峰后出现应力调整,顶板的应力调整最为明显;③ 孔洞周围会形成初始应力集中,特别是矩形孔洞的左右两帮应力集中明显,应力集中程度与所在层位地层强度呈反比,地层强度越大,孔洞两帮初始应力集中程度越小;④ 顶板中的孔洞对裂纹扩展影响较小,煤层及底板中的孔洞会影响裂纹的形成和扩展;⑤ 孔洞大小对组合体强度有显著影响,孔洞尺寸越大,组合体的强度越低,峰后应力调整越明显;⑥ 组合体中主裂纹扩展后次生裂纹发育造成煤及底板呈破碎性破坏,而顶板主要以劈裂破坏为主。

(4)三轴围压下组合体破坏特性研究表明:① 施加围压后,组合体峰值强度明显提高,随着围压的增大,组合体峰值强度有增大趋势,达到破坏所需运算时步越多,裂纹扩展的空间越小,峰后应力跌落范围有增大趋势;② 三轴加载时组合体的破坏主要集中在煤体及底板,顶板受到影响较小,未出现劈裂破坏;③ 相同围压下,组合体中煤层高度越大,峰值应力越低,但反之不完全成立。

7.1.3　厚层坚硬地层冲击地压机理

(1)厚层坚硬煤系地层中的冲击地压机理概括为:煤层开采后,开采空间附近应力重分布,并形成初始的塑性破坏区,应力波传播至塑性区范围时与原有应力相叠加,造成处于临界状态的煤岩体冲击失稳。

(2)厚层坚硬地层对冲击地压的影响体现在三方面,其一是促使开采空间周围的应力集中有靠近煤壁的趋势;其二是塑性带以外的煤体具有一定完整性和承载力,从而能够保证其在出现塑性带后不发生冲击失稳;第三是厚层坚硬地层条件下动载扰动的扰动力更大更强,造成失稳过程突然急剧。

7.1.4　地质赋存与采动影响下的冲击危险性评价及实例分析

(1)在回采前的冲击危险性评价,将厚层坚硬煤系地层和高地应力这两个因素作为主因素,煤系地层满足厚层坚硬条件且符合高应力水平时,认为开采煤层具有冲击危险性。采动影响下,应结合地质赋存条件与开采条件对煤系地层中的应力重分布进行评估,并按照应力水平和演化阶段将其划分为不同的冲击危险等级。

(2)数值模拟表明,原岩应力水平越高,采动影响后应力增加越明显,高原岩应力有利于形成高地应力环境。厚层坚硬顶板条件下,直接顶内的应力水平要高于基本顶,在连续回采过程中,本工作面见方及下一工作面初次来压期间是冲击危险较为严重的时期,连续回采造成高应力在临空煤柱累加,使得煤柱及其邻近区域冲击失稳风险增大。同时开掘两巷及工艺巷或分步开掘巷道对最终的应力场分布影响不大,但在初采期间工作面附近应力演化会受到一定影响,越晚开掘巷道,应力增加相对变慢。留设工艺巷造成工艺巷附近应力水平升高,工作面端头、超前应力区、工作面前方多巷交汇区域及临近多巷交汇区域是应力升高较为明显的区域,工作面留设多条工艺巷会造成开采时冲击危险性增高。

(3)综合分析认为,在当前开采技术下忻州窑矿 8933 工作面在开采过程中存在多个冲击危险区,其中,临空煤柱、多巷交汇等区域存在较大冲击危险。

7.1.5　厚层坚硬地层冲击地压防治方法

(1)厚层坚硬地层高瓦斯矿井冲击地压防治中存在多巷交汇、防灾技术可重复性差等缺点,造成冲击解危措施不能有效发挥作用,提出将工艺巷布置在顶板并进行瓦斯抽采、充填防冲的上巷防冲的技术思路。数值模拟研究表明,厚层坚硬顶板条件下,上巷布置在远离开采层的空间更为稳定,顶板内的应力分布较为平缓,受采动影响应力增量不大,与垮落法管理顶板相比,充填开采更有利于上巷的维护,上巷充填可避免多巷交汇出现从而降低冲击风险,上巷充填开采相对于开设工艺巷而言在技术上更具优势,但本工作面的充填对距离该面较远的位置影响较小。

(2)采用条带开采时,充填体的支护作用具有时效性,与充填体直接接触的顶板岩层发生缓慢下沉,充填体需具备足够的强度方能保证充填体及顶板的长期稳定;充填体有助于缓解距离较近的围岩体内的应力集中,但对于远离充填体的老采空区,由于部分区域在此前的回采中已形成高应力环境,充填体对距离较远的应力集中缓解作用有限;从顶板的塑性区发育及顶板破坏而言,充填体面积越大,越有助于缓解充填体上方顶板的应力集中,顶板破坏的时间被逐渐延后,从而可以降低顶板来压造成的冲击风险。

(3)临空煤柱的稳定有赖于采动影响后形成的二次地应力环境,当高地应力环境已经形成时,充填本工作面对于保护远离该工作面的临空煤柱稳定作用有限。对于连续回采的工作面,采用工作面交替充填时从首采工作面开始充填要优于从第二个工作面开始充填。

7.2　创　新　点

本书以厚层坚硬煤系地层中的冲击地压现象作为主要研究对象,通过多种手段综合研究,取得以下创新性成果:

(1)采用"顶板—煤—底板"三体组合模型研究了单轴和三轴加载下组合模型的变形破坏特征,在大量现场调研的基础上,得到了我国冲击地压灾害的分布特征和地质诱因。

(2)分析了地质赋存、动载作用与坚硬煤岩冲击失稳之间的关系,揭示了坚硬煤系地层条件下冲击地压致灾机理及厚层坚硬地层的致灾作用。

(3)以忻州窑矿为工程背景,模拟分析了四种充填开采方法的防冲效果,提出了地质赋存与采动影响下的冲击危险性评价方法。

7.3　不足及展望

本书通过统计调研、数值模拟、理论分析等方法对厚层坚硬煤系地层冲击地压机理及防治展开研究,并初步获得一些结论,但由于研究周期、当前技术发展等原因,研究中还存在一些不足。具体而言:

(1)实验方面

基于地层真实厚度比建立的实验模型能够更精确地反映组合煤岩体的变形破坏特性,但由于当前薄层软岩加工、组合体接触面选择等方面还存在技术难题,本书以有限的力学实验参数为基础并采用数值模拟方法初步研究了基于真实地层厚度比的组合体特性,设置的厚度比及模拟实验数量有限,不能全面反映组合体变形破坏的总趋势。随着3D打印、精细化建模、可控强度黏结材料等技术的发展,未来有望采用物理实验手段对不同真实地层厚度比、强度比的组合体试样展开研究,并通过多参量监测手段研究组合体的失稳伴生信息。

(2)数值模拟方面

数值模拟方法为研究应力演化等方面提供了有益参考,但由于未调研到忻州窑矿除煤层底板等高线以外的地层赋存资料,本书在数值模拟中做了一定简化,模型中并未考虑邻近矿井开采活动、断层、褶皱、深部构造活动及真实地层赋存起伏变化等因素。未来有必要根据真实煤系地层赋存条件建立相应的精细化模型,建立满足精度要求的开采时间与模拟时步间的必要联系,并将地下水、气体等因素进行耦合研究,从而建立更符合真实地层赋存的数值模拟模型。

(3)其他方面

研究初期第 2 章统计调研、第 5 章冲击危险性判别准则拟采用大数据分析方法进行研究,但由于工作量较大,实际研究中仅采用了部分典型数据或仅提出了技术思想,而并没有实现真正意义的大数据分析。当前煤炭经济形势及上巷充填防冲技术成本均不利于该技术的实践,而且实践中在充填材料选择、充填管路维护、未充填前采空区顶板的控制、地质异常区的防灾技术等方面仍需进一步研究,上巷充填防冲技术的实际效果还有待于实践检验。

参 考 文 献

[1] 姜耀东.煤岩冲击失稳的机理和实验研究[M].北京:科学出版社,2009.

[2] 杜学领,姚旺,李杨.2011—2013 年 4 起典型冲击地压事故分析[J].煤矿安全,2015,46(1):183-185.

[3] 李庶林.试论微震监测技术在地下工程中的应用[J].地下空间与工程学报,2009,5(1):122-128.

[4] 柳云龙,田有,冯暄,等.微震技术与应用研究综述[J].地球物理学进展,2013,28(4):1801-1808.

[5] 中国科协学会学术部.新观点新学说学术沙龙文集 51:岩爆机理探索[M].北京:中国科学技术出版社,2011.

[6] Campoli A A,Kertis C A,Goode C A. Coal mine bumps:five case studies in the eastern United States[M]. US Department of the Interior,Bureau of Mines,1987.

[7] Whyatt J,Blake W,Williams T,et al. 60 Years of rockbursting in the Coeurd'Alene District of Northern Idaho,USA:lessons learned and remaining issues[C]. Presentation at 109th annual exhibit and meeting,Society for Mining,Metallurgy,and Exploration. Phoenix,2002:25-27.

[8] Kaiser P K,McCreath D R,Tannant D D. Rockburst support handbook[R]. Geomechanics Research Centre,Laurentian University,Canada,1996.

[9] 梁政国,张万斌.鸟瞰中国十年来冲击地压灾害的研究[J].阜新矿业学院学报,1990,9(4):1-8.

[10] 张万斌,王淑坤.中国冲击地区研究与防治的进展[J].煤炭学报,1992,17(3):27-36.

[11] 潘一山,李忠华,章梦涛.中国冲击地压分布、类型、机理及防治研究[J].岩石力学与工程学报,2003,22(11):1844-1851.

[12] 蓝航,齐庆新,潘俊锋,等.中国煤矿冲击地压特点及防治技术分析[J].煤炭科学技术,2011,39(1):11-15.

[13] 潘俊锋,毛德兵,蓝航,等.中国煤矿冲击地压防治技术研究现状及展望[J].煤炭科学技术,2013,41(6):21-25.

[14] 齐庆新,欧阳振华,赵善坤,等.中国冲击地压矿井类型及防治方法研究[J].煤炭科学技术,2014,42(10):1-5.

[15] 姜耀东,赵毅鑫.中国煤矿冲击地压的研究现状:机制、预警与控制[J].岩石力学与工程学报,2015,34(11):2188-2204.

[16] Kias E M C. Investigation of unstable failure in underground coal mining using the discrete element method[D]. Colorado School of Mines,2013.

[17] Prassetyo S H. The influence of interface friction and w/h ratio on the violence of coal specimen failure[D]. West Virginia University,2011.

[18] Xu Q. Analytical determination of strain energy for the studies of coal mine bumps [D]. West Virginia University,2009.

[19] Luxbacher K D. Time-lapse passive seismic velocity tomography of longwall coal mines:A comparison of methods[D]. Virginia Polytechnic Institute and State University,2008.

[20] Wu X. Theoretical analysis of bump and airblast events associated with coal mining under strong roofs[D]. Virginia Polytechnic Institute and State University,1995.

[21] Pen Y. Chain pillar design in longwall mining for bump-prone seams[D]. University of Alberta(Canada),1994.

[22] 潘俊锋,宁宇,毛德兵,等. 煤矿开采冲击地压启动理论[J]. 岩石力学与工程学报,2012,31(03):586-596.

[23] 姜福兴,魏全德,姚顺利,等. 冲击地压防治关键理论与技术分析[J]. 煤炭科学技术,2013,41(6):6-9.

[24] 鞠文君,潘俊锋. 中国煤矿冲击地压监测预警技术的现状与展望[J]. 煤矿开采,2013,17(6):1-5.

[25] 刘少虹. 动载冲击地压机理分析与防治实践[D]. 北京:煤炭科学研究总院,2014.

[26] Iannacchione A T,Tadolini S C. Coal mine burst prevention controls[C]. 27th International Conference on Ground Control in Mining,2008:20-28.

[27] Iannacchione A T,Zelanko J C. Occurrence and remediation of coal mine bumps:a historical review[J]. Paper in Proceedings:Mechanics and Mitigation of Violent Failure in Coal and Hard-Rock Mines. US Bureau of Mines Spec. Publ,1995:01-95.

[28] Whyatt J K,Loken M C. Coal Bumps and Odd Dynamic Phenomena-A Numerical Investigation[C]. Proc. 28th International Conference on Ground Control in Mining,2009:175-180.

[29] Iannacchione A T. Behavior of a coal pillar prone to burst in the southern Appalachian Basin of the United States[J]. Proceedings of Rockbursts and Seismicity in Mines. Balkema,1990:295-300.

[30] Maleki H,Zahl E G,Dunford J P. A hybrid statistical-analytical method for assessing violent failure in US coal mines[J]. Coal Pillar Mechanics and Design,1999:139-144.

[31] 赵毅鑫. 煤矿冲击地压机理研究[D]. 北京:中国矿业大学(北京),2006.

[32] 李忠华. 高瓦斯煤层冲击地压发生理论研究及应用[D]. 阜新:辽宁工程技术大学,2007.

[33] 王涛. 断层活化诱发煤岩冲击失稳的机理研究[D]. 北京:中国矿业大学(北京),2012.

[34] 王文婕. 煤层冲击倾向性对冲击地压的影响机制研究[D]. 北京:中国矿业大学(北京),2013.

[35] Mazaira A,Konicek P. Intense rockburst impacts in deep underground construction and their prevention[J]. Canadian Geotechnical Journal,2015,52(10):1426-1439.

[36] Lawson H，Weakley A，Miller A. Dynamic failure in coal seams：Implications of coal composition for bump susceptibility[J]. International Journal of Mining Science and Technology，2016，26(1)：3-8.

[37] 胡绍祥，李守春. 矿山地质学[M]. 徐州：中国矿业大学出版社，2008.

[38] 刘波，杨仁树，郭东明，等. 孙村煤矿－1100 m 水平深部煤岩冲击倾向性组合试验研究[J]. 岩石力学与工程学报，2004，23(14)：2402-2408.

[39] 窦林名，陆菜平，牟宗龙，等. 组合煤岩冲击倾向性特性试验研究[J]. 采矿与安全工程学报，2006，23(1)：43-46.

[40] 窦林名，田京城，陆菜平，等. 组合煤岩冲击破坏电磁辐射规律研究[J]. 岩石力学与工程学报，2005，24(19)：143-146.

[41] 郭东明. 湖西矿井深部煤岩组合体宏细观破坏试验与理论研究[D]. 北京：中国矿业大学(北京)，2010.

[42] 左建平，谢和平，吴爱民，等. 深部煤岩单体及组合体的破坏机制与力学特性研究[J]. 岩石力学与工程学报，2011，30(1)：84-92.

[43] 左建平，谢和平，孟冰冰，等. 煤岩组合体分级加卸载特性的试验研究[J]. 岩土力学，2011，32(5)：1287-1296.

[44] 左建平，裴建良，刘建锋. 煤岩体破裂过程中声发射行为及时空演化机制[J]. 岩石力学与工程学报，2011，30(8)：1564-1570.

[45] 姚精明，闫永业，尹光志，等. 坚硬顶板组合煤岩样破坏电磁辐射规律及其应用[J]. 重庆大学学报，2011，34(5)：71-75.

[46] 张泽天，刘建锋，王璐，等. 组合方式对煤岩组合体力学特性和破坏特征影响的试验研究[J]. 煤炭学报，2012，37(10)：1677-1681.

[47] 宋录生，赵善坤，刘军，等. "顶板-煤层"结构体冲击倾向性演化规律及力学特性试验研究[J]. 煤炭学报，2014，39(S1)：23-30.

[48] 岩石(岩体)的分类和鉴定. [EB/OL]. http://geoe. chd. edu. cn/ziyuanku/show_sck. php? id=28.

[49] 中华人民共和国水利部. GB/T 50218—2014 工程岩体分级标准[S]. 北京：中国计划出版社，2015.

[50] 谭云亮，蒋金泉. 采场坚硬顶板断裂步距的板极限分析[J]. 山东矿业学院学报，1989，8(3)：21-26.

[51] 王淑坤，张万斌. 冲击地压发生与顶板性质的关系[C]. 第三届全国岩石动力学学术会议论文选集，1992：467-472.

[52] 徐曾和. 狭窄煤柱冲击地压发生的判别准则[J]. 力学与实践，1993，15(1)：44-47.

[53] 秦四清，王思敬. 煤柱-顶板系统协同作用的脆性失稳与非线性演化机制[J]. 工程地质学报，2006，13(4)：437-446.

[54] 李新元，马念杰，钟亚平，等. 坚硬顶板断裂过程中弹性能量积聚与释放的分布规律[J]. 岩石力学与工程学报，2008(z1)：2786-2793.

[55] 曹安业，窦林名. 采场顶板破断型震源机制及其分析[J]. 岩石力学与工程学报，2008，27(S2)：3833-3839.

[56] 张向阳.采空区顶板蠕变损伤断裂分析[J].辽宁工程技术大学学报:自然科学版, 2009(5):777-780.

[57] 浦海,黄耀光,陈荣华.采场顶板 X-O 型断裂形态力学分析[J].中国矿业大学学报, 2011,40(6):835-840.

[58] 陈法兵.关键层与煤层垂距对冲击地压危险性的影响以及回向摩擦力的初步研究[C]. 综采放顶煤技术理论与实践的创新发展——综放开采 30 周年科技论文集,2012: 633-635.

[59] 蓝航,杜涛涛,彭永伟,等.浅埋深回采工作面冲击地压发生机理及防治[J].煤炭学报, 2012,37(10):1618-1623.

[60] 庞绪峰.坚硬顶板孤岛工作面冲击地压机理及防治技术研究[D].北京:中国矿业大学 (北京),2013.

[61] 吕进国.巨厚坚硬顶板条件下逆断层对冲击地压作用机制研究[D].北京:中国矿业大 学(北京),2013.

[62] 曾宪涛.巨厚砾岩与逆冲断层共同诱发冲击失稳机理及防治技术[D].北京:中国矿业 大学(北京),2014.

[63] 张科学.构造与巨厚砾岩耦合条件下回采巷道冲击地压机理研究[D].北京:中国矿业 大学(北京),2015.

[64] 杨敬轩,刘长友,于斌,等.坚硬厚层顶板群结构破断的采场冲击效应[J].中国矿业大 学学报,2014,43(1):8-15.

[65] 吕海洋,唐春安,唐世斌.采场顶板岩块回转的应力演化及稳定性分析[J].济南大学学 报:自然科学版,2015,29(3):172-178.

[66] 夏永学.不同冲击启动类型的地音前兆信息识别[J].中国煤炭,2015,41(3):49-53.

[67] 姜耀东,潘一山,姜福兴,等.中国煤炭开采中的冲击地压机理和防治[J].煤炭学报, 2014,39(2):205-213.

[68] 郑行周.煤矿冲击地压灾害及防治[R].2013:1-41.

[69] 陈学华,李伟清,宋卫华.星球活动对地壳应力及冲击地压的作用分析[J].辽宁工程技 术大学学报:自然科学版,2006,25(5):652-654.

[70] 李兴亚.忻州窑矿冲击地压的特点与成因分析[J].同煤科技,1995(1):24-29.

[71] 王世安.忻州窑矿"3·23"垮顶压架事故原因分析[J].煤矿安全,2001(4):6-7.

[72] 刘绍康,侯吉祥,郝凤英,等.煤矿冲击地压的成因及治理[J].淮南工业学院学报, 2002,22(8):42-44.

[73] 王爱萍,侯志鹰.忻州窑矿 8913 综放面典型垮顶事故力学及统计分析研究[J].有色金 属:矿山部分,2006,58(1):36-37.

[74] 祁小平.忻州窑矿冲击地压综合防治浅谈[J].科技信息,2009(24):291-292.

[75] 郭文斌.煤矿冲击地压区域卸压槽爆破防治技术[J].煤炭科学技术,2010,38(3): 15-17.

[76] 乔元栋,徐青云.大同忻州窑矿冲击地压成因分析与防治措施探讨[J].山西大同大学 学报:自然科学版,2010,26(4):71-74.

[77] 刘茂军."两硬"条件下冲击地压防治技术研究[J].煤炭科技,2010(4):14-16.

[78] 王旭宏.大同矿区"三硬"煤层冲击地压发生机理研究[D].太原:太原理工大学,2010.

[79] 樊继强.大同忻州窑矿"三硬"煤层开采微震规律及监测技术[J].同煤科技,2011(4):8-9.

[80] 卢国梁.大同矿区多煤层开采冲击地压机理与防治研究[D].北京:中国矿业大学(北京),2012.

[81] 孟祥斌.大同矿区忻州窑矿冲击地压特征与防治技术[J].煤炭科学技术,2013,41(1):49-52.

[82] 田利军.忻州窑矿压缩型冲击地压发生机理及防治研究[D].阜新:辽宁工程技术大学,2013.

[83] 姜耀东,王涛,陈涛,等."两硬"条件正断层影响下的冲击地压发生规律研究[J].岩石力学与工程学报,2013,32(s2):3712-3718.

[84] 梁冰,田蜜,王俊光.不同含水状态对坚硬煤层冲击倾向性影响研究[J].水资源与水工程学报,2014,25(1):100-102.

[85] 梁冰,汪北方,李刚,等.忻州窑煤矿5935巷道底板卸压槽防冲效果研究[J].中国安全生产科学技术,2015,11(2):48-55.

[86] 池明波.水力割缝防治忻州窑矿冲击地压试验研究[D].太原:太原理工大学,2015.

[87] 王小亮.忻州窑矿冲击巷道支护设计研究[D].包头:内蒙古科技大学,2015.

[88] 赵玉胜.对一次冲击地压的浅析[J].江苏煤炭,1994(3):57-58.

[89] 沈孝坤.三河尖矿冲击地压地质因素分析[J].矿山压力与顶板管理,1995(3):178-180.

[90] 翟明华,王祥龙.三河尖煤矿冲击地压原因及分析[J].煤矿开采,1997(4):14-16.

[91] 张晓春,缪协兴,翟明华,等.三河尖煤矿冲击矿压发生机制分析[J].岩石力学与工程学报,1998,17(5):508-513.

[92] 王云海,樊银辉.三河尖矿两起冲击矿压原因分析[J].矿山压力与顶板管理,1999(1):68-70.

[93] 吴兴荣,郭海泉.坚硬顶板冲击矿压的预测与防治[J].矿山压力与顶板管理,1999(3):211-214.

[94] 徐苏翔,马继新.煤柱区域巷道冲击矿压的研究[J].矿山压力与顶板管理,2001(1):70-71.

[95] 朱玲方,郑永,李建伟.三河尖煤矿冲击矿压事故浅析[J].煤炭科技,2001(4):43-45.

[96] 吴兴荣,马继新,井圣泉,等.孤岛煤柱工作面冲击矿压的防治实践[J].矿山压力与顶板管理,2002,19(4):94-95.

[97] 吴兴荣,杨思光.冲击矿压高危区域动态防治的实践与研究[C].中国科协2004年学术年会第16分会场论文集,2004:196-200.

[98] 王慧明.三河尖煤矿冲击矿压的特点及治理[J].矿山压力与顶板管理,2004,21(3):115-117.

[99] 杨思光.强冲击矿压危险区的钻孔损伤效应的研究[C].煤炭资源高效绿色开采与数字矿山学术讨论会论文集,2005:66-72.

[100] 吴兴荣.坚硬顶板区域冲击矿压防治的研究[J].能源技术与管理,2007(1):17-19.

[101] 陆菜平,窦林名,吴兴荣,等.煤岩冲击前兆微震频谱演变规律的试验与实证研究[J].岩石力学与工程学报,2008,27(3):519-525.

[102] 项泽亮.遗留煤柱影响区域冲击矿压分析及防治[J].能源技术与管理,2008(5):20-22.

[103] 陆菜平,窦林名,曹安业,等.深部高应力集中区域矿震活动规律研究[J].岩石力学与工程学报,2008,27(11):2302-2308.

[104] 陆菜平,刘海顺,刘彪,等.深部高应力异常集中区冲击矿压动态防治实践[J].煤炭学报,2010,35(12):1984-1989.

[105] 王保松.千秋煤矿冲击地压的成因及综合防治措施[J].中州煤炭,1995(4):27-30.

[106] 王小国,陈铁平.千秋煤矿"9·3"冲击地压灾害浅析[J].中州煤炭,2000(2):37-37.

[107] 秦玉红,窦林名,牟宗龙.义马千秋煤矿冲击地压危险性分析[J].贵州工业大学学报:自然科学版,2004,33(1):30-31.

[108] 郭寿松.有冲击地压倾向巨厚煤层回采巷道支护技术研究[D].焦作:河南理工大学,2007.

[109] 别小飞,张帅.冲击地压矿井大断面复合支护巷道快速掘进技术[J].煤矿安全,2010,41(4):64-67.

[110] 杜青炎,杨超.孤岛巨厚砾岩层冲击地压预测预报及综合防治[J].中州煤炭,2010(7):93-95.

[111] 李宝富,魏向志,苏士杰,等.微震监测技术在顶板来压预测预报中的应用[J].工矿自动化,2010(11):16-19.

[112] 张寅.千秋煤矿冲击矿压电磁辐射前兆规律探索[J].煤矿开采,2011,16(1):90-92.

[113] 任永康.千秋矿放顶煤采场上覆岩层移动及矿压显现规律研究[D].焦作:河南理工大学,2011.

[114] 李宝富.千秋煤矿煤的单轴抗压强度与冲击能量指数关系[J].煤炭工程,2011,43(12):68-70.

[115] 潘俊锋,宁宇,蓝航,等.基于千秋矿冲击性煤样浸水时间效应的煤层注水方法[J].煤炭学报,2012(S1):19-25.

[116] 别小飞,翟新献,张帅.千秋煤矿特厚煤层综放工作面矿压显现规律研究[J].煤炭科学技术,2013,41(S2):80-82.

[117] 苏承东,翟新献,魏向志,等.饱水时间对千秋煤矿2#煤层冲击倾向性指标的影响[J].岩石力学与工程学报,2014,33(2):235-242.

[118] 李宝富,徐学锋,任永康.巨厚砾岩作用下底板冲击地压诱发机理及过程[J].中国安全生产科学技术,2014,10(3):11-17.

[119] 李宝富.千秋煤矿2号煤层冲击倾向性判别指标研究[J].中国安全生产科学技术,2014,10(5):62-67.

[120] 李学龙.千秋煤矿冲击地压综合预警技术研究[D].徐州:中国矿业大学,2014.

[121] 韦四江,杨玉顺.义煤矿区冲击地压微震信号频谱特征分析[J].煤矿安全,2015,46(4):181-184,188.

[122] 魏全德.巨厚砾岩下特厚煤层冲击地压发生机理及防治研究[D].北京:北京科技大

学,2015.

[123] 夏大平,郭红玉,罗源,等.碱性溶液降低煤体冲击倾向性的实验研究[J].煤炭学报,2015,40(8):1768-1773.

[124] 翟永刚.矿井地应力分布规律在工程实践中的应用[J].煤炭科技,2013(4):104-105.

[125] 张国锋,朱伟,赵培.徐州矿区深部地应力测量及区域构造作用分析[J].岩土工程学报,2012,34(12):2318-2324.

[126] 谢和平,高峰,鞠杨,等.深部开采的定量界定与分析[J].煤炭学报,2015,40(1):1-10.

[127] 煤炭科学研究总院开采设计研究分院、煤炭科学研究总院检测研究分院.GB/T 25217.2—2010.冲击地压测定、监测与防治方法 第 2 部分:煤的冲击倾向性分类及指数的测定方法[S].2010.

[128] 胡社荣,戚春前,赵胜利,等.中国深部矿井分类及其临界深度探讨[J].煤炭科学技术,2010,38(7):10-13.

[129] 陈国祥,窦林名,乔中栋,等.褶皱区应力场分布规律及其对冲击矿压的影响[J].中国矿业大学学报,2008,37(6):751-755.

[130] 王玉刚.褶皱附近冲击矿压规律及其控制研究[D].徐州:中国矿业大学,2008.

[131] 王存文,姜福兴,刘金海.构造对冲击地压的控制作用及案例分析[J].煤炭学报,2012,37(S2):263-268.

[132] 全国 23 个地震带.[EB/OL].http://www.csi.ac.cn/publish/main/837/1082/index.html.

[133] 中国地震综合等震线图.[EB/OL].http://www.csi.ac.cn/publish/main/837/1074/index.html.

[134] Gupta H K. A review of recent studies of triggered earthquakes by artificial water reservoirs with special emphasis on earthquakes in Koyna, India[J]. Earth-Science Reviews,2002,58(3):279-310.

[135] Pandey A P,Chadha R K. Surface loading and triggered earthquakes in the Koyna-Warna region,western India[J]. Physics of the Earth and Planetary Interiors,2003,139(3):207-223.

[136] Johnson L R. Source mechanisms of induced earthquakes at the geysers geothermal reservoir[J]. Pure and Applied Geophysics,2014,171(8):1641-1668.

[137] 周斌,薛世峰,邓志辉,等.水库诱发地震时空演化与库水加卸载及渗透过程的关系——以紫坪铺水库为例[J].地球物理学报,2010,53(11):2651-2670.

[138] 马文涛,蔺永,苑京立,等.水库诱发地震的震例比较与分析[J].地震地质,2013,35(4):924-919.

[139] 易立新,车用太,王广才.水库诱发地震研究的历史、现状与发展趋势[J].华南地震,2003,23(1):28-37.

[140] 唐春安,土述红,傅宇方.岩石破裂过程数值试验[M].北京:科学出版社,2003.

[141] 蒋聪.煤样单轴压缩过程中变形能的演化特征研究[D].北京:中国矿业大学(北京),2015.

[142] 沈明荣,陈建峰.岩体力学[M].上海:同济大学出版社,2006.

[143] 李连崇,唐春安,梁正召,等.煤层底板陷落柱活化突水过程的数值模拟[J].采矿与安全工程学报,2009,26(2):158-162.

[144] 王岩,隋思涟.试验设计与 MATLAB 数据分析[M].北京:清华大学出版社,2012.

[145] 付京斌.受载组合煤岩电磁辐射规律及其应用研究[D].北京:中国矿业大学(北京),2009:17-20.

[146] 郭东明,杨仁树,张涛,等.煤岩组合体单轴压缩下的细观-宏观破坏演化机理[C].中国软岩工程与深部灾害控制研究进展——第四届深部岩体力学与工程灾害控制学术研讨会暨中国矿业大学(北京)百年校庆学术会议论文集,2009.

[147] Zhao Z,Wang W,Dai C,et al. Failure characteristics of three-body model composed of rock and coal with different strength and stiffness[J]. Transactions of Nonferrous Metals Society of China,2014,24(5):1538-1546.

[148] 钱鸣高,石平五.矿山压力与岩层控制[M].徐州:中国矿业大学出版社,2003.

[149] 祝捷.基于 Hoek-Brown 强度理论的煤层突出模型研究[D].北京:中国矿业大学(北京),2005.

[150] 祝捷,姜耀东,赵毅鑫,等.改进的 Lippmann 煤层平动突出模型[J].煤炭学报,2007,32(4):353-357.

[151] 刘晔,姜福兴,冯宇.巷道诱发型冲击地压的发生机制及危险性分析[J].岩土力学,2015(S2):201-207.

[152] 褚怀保,杨小林,梁为民,等.煤体爆破作用机理模拟试验研究[J].煤炭学报,2011,36(9):1451-1456.

[153] 邢平伟.采空区顶板垮落空气冲击灾害的理论及控制技术研究[D].太原:太原理工大学,2013.

[154] 陆明心,郝海金,吴健.综放开采上位岩层的平衡结构及其对采场矿压显现的影响[J].煤炭学报,2002,27(6):591-595.

[155] 尹光志,刘成明.地应力对冲击地压的影响及冲击危险区域评价的研究[J].煤炭学报,1997,22(2):132-137.

[156] 张开智,夏均民.冲击危险性综合评价的变权识别模型[J].岩石力学与工程学报,2004,23(20):3480-3483.

[157] 王超.基于未确知测度理论的冲击地压危险性综合评价模型及应用研究[D].徐州:中国矿业大学,2011.

[158] 潘一山,耿琳,李忠华.煤层冲击倾向性与危险性评价指标研究[J].煤炭学报,2011,35(12):1975-1978.

[159] 窦林名,蔡武,巩思园,等.冲击危险性动态预测的震动波 CT 技术研究[J].煤炭学报,2014,39(2):238-244.

[160] 张宏伟,荣海,陈建强,等.近直立特厚煤层冲击地压的地质动力条件评价[J].中国矿业大学学报,2015,44(6):1053-1060.

[161] 于华兵,王思栋,冯福东.不规则孤岛工作面冲击危险评价的应力分析法研究[J].中国煤炭,2015,41(8):70-72.

[162] 姜福兴,舒凑先,王存文.基于应力叠加回采工作面冲击危险性评价[J].岩石力学与工程学报,2015,34(12):2428-2435.

[163] 高峰,张志镇,高亚楠,等.基于盲数理论的冲击地压危险性评价模型[J].煤炭学报,2010,35(S1):28-32.

[164] 张志镇,高峰,许爱斌,等.冲击地压危险性的集对分析评价模型[J].中国矿业大学学报,2011,40(3):379-384.

[165] 李宝富,刘永磊.冲击地压危险性等级识别的随机森林模型及应用[J].科技导报,2015,33(1):57-62.

[166] 赵其华,陈近中,彭社琴.高地应力条件下围岩质量分类方法研究[J].地球科学进展,2008,23(5):482-487.

[167] 王成虎,郭啟良,丁立丰,等.工程区高地应力判据研究及实例分析[J].岩土力学,2009,30(8):2359-2364.

[168] 陈菲,何川,邓建辉.高地应力定义及其定性定量判据[J].岩土力学,2015,36(4):971-980.

[169] 庞绪峰.坚硬顶板孤岛工作面冲击地压机理及防治技术研究[D].北京:中国矿业大学(北京),2013.

[170] 李海涛.加载速率效应影响下煤的冲击特性评价方法及应用[D].北京:中国矿业大学(北京),2014.

[171] 吴冲龙,汪新庆.大陆构造系统动力学及构造应力叠加场探讨[J].地球科学:中国地质大学学报,1995,20(1):1-9.

[172] 刘晔,姜福兴,冯宇.巷道诱发型冲击地压的发生机制及危险性分析[J].岩土力学,2015,36(s2):201-207.

[173] 姜耀东,吕玉凯,赵毅鑫,等.综采工作面过断层巷道稳定性多参量监测[J].煤炭学报,2011,36(10):1601-1606.

[174] 吕玉凯.煤体失稳破坏前兆规律的多参量监测研究[D].北京:中国矿业大学(北京),2012.

[175] 岑敏,董树文,施炜,等.大同盆地形成机制的构造研究[J].地质论评,2015,61(6):1235-1247.

[176] 张兆琪.山西大同口泉山隆升-挠褶构造研究[J].地质调查与研究,2008,31(4):291-296.

[177] 许云龙.大同新生代断陷盆地形成与演化[D].太原:太原理工大学,2015.

[178] 韩亚超.大同盆地西缘中生代逆冲构造变形研究[D].北京:中国地质大学(北京),2013.

[179] 瞿伟,王庆良,张勤,等.大同盆地现今地壳形变及应变分布特征[J].大地测量与地球动力学,2013,33(3):11-15.

[180] 李树德,袁仁茂.大同地裂缝灾害形成机理[J].北京大学学报:自然科学版,2002,38(1):104-108.

[181] 苏宗正,程新原.1989年大同—阳高地震的地质环境与地震构造[J].山西地震,1992(1):19-30.

[182] 李春来,王培德.1999 年 11 月大同地震部分余震的定位及震源机制反演[J].地震地磁观测与研究,2005,26(2):48-55.

[183] 李清林,秦建增.大同 5.6 级地震前后的重力场变化和深部动力学过程[J].地壳形变与地震,2001,21(4):43-51.

[184] 姜耀东,王涛,赵毅鑫,等.采动影响下断层活化规律的数值模拟研究[J].中国矿业大学学报,2013,42(1):1-5.

[185] 李海涛,赵毅鑫,姜耀东,等.上分层煤柱群下工作面矿压显现规律及主控因素分析[J].煤矿安全,2014,45(6):192-195.

[186] Itasca Consulting Group Inc. FLAC 3D(Fast Lagrangian Analysis of Continua in 3 Dimensions),version 3.1[M].Minneapolis,Minnesota,USA,2006.

[187] 王宁.坚硬煤岩组合条件下冲击地压致灾机理及防治研究[D].北京:中国矿业大学(北京),2015.

[188] 李勇.鸡西矿区冲击地压诱发机制及防治措施研究[D].北京:中国矿业大学(北京),2013.

[189] 史元伟,齐庆新,古全忠.国外煤矿冲击地压防治与采掘工程岩层控制[M].北京:煤炭工业出版社,2013.

[190] 潘一山,肖永惠,李忠华,等.冲击地压矿井巷道支护理论研究及应用[J].煤炭学报,2014,39(2):222-228.

[191] 杜学领,杨宝贵,党鹏,等.煤矿专用充填巷放顶煤充填开采可行性分析[J].煤矿安全,2014,45(2):175-177.

[192] 杜学领,杨宝贵,杨鹏飞.煤矿专用巷高瓦斯矿井综放充填开采技术[J].煤矿安全,2014,45(6):148-151.

[193] Du X L. Close-range coal seam mining and stowing with upper entry[C]. Legislation,Technology and Practice of Mine Land Reclamation:Proceedings of the Beijing International Symposium on Land Reclamation and Ecological Restoration(LRER 2014),Beijing,China,16-19 October 2014. CRC Press,2014:311-316.

[194] Du X L. Mechanism of coal mining and stowing with upper entry for preventing coal bump[C]. Advanced Materials Research,2014:962-965,926-929.

[195] 杜学领.上巷充填开采巷道稳定性研究[C].33 届国际采矿岩层控制会议(中国),2014:164-171.

[196] 国家煤炭工业局.建筑物、水体、铁路及主要井巷煤柱留设与压煤开采规程[M].北京:煤炭工业出版社,2000.

[197] 谢建林,孙晓元.高瓦斯厚煤层采动裂隙发育区瓦斯抽采技术[J].煤炭科学技术,2013,41(5):68-71.

[198] 杜学领,杨宝贵.厚煤层高瓦斯矿井高效充填井下钻孔布置[J].煤矿开采,2013,18(6):74-77.

[199] BP. BP Statistical Review of World Energy 2013.[EB/OL]. http://www.bp.com/zh_cn/china/reports-and-publications/bp_2013.html.

[200] BP. Statistical review of world energy June 2014.[EB/OL]. http://www.bp.com/

zh_cn/china/reports-and-publications/bp_2014. html.

[201] BP. BP Statistical Review of World Energy 2015. [EB/OL]. http://www. bp. com/ zh_cn/china/reports-and-publications/_bp_2015. html.

[202] 中煤协:2020 年全国煤炭需求总量将在 48 亿吨左右. [EB/OL]. http://finance. cnr. cn/gundong/201401/t20140116_514671083. shtml.

[203] Kahn J,Yardley J. As China roars,pollution reaches deadly extremes[J]. New York Times,2007(26):A1.

[204] 邵甜,王雯. 中国环保群体性事件年增 9%,专家在杭共商信息公开. [EB/OL]. ht- tp://zjnews. zjol. com. cn/system/2014/06/29/020110474. shtml.

[205] He X,Song L. Status and future tasks of coal mining safety in China[J]. Safety Sci- ence,2012,50(4):894-898.

[206] Marts J,Gilmore R,Brune J. Dynamic gob response and reservoir properties for ac- tive longwall coal mines[J]. Mining Engineering,2014,66(12):41-48.

[207] Jiang Y,Wang H,Xue S. Assessment and mitigation of coal bump risk during ex- traction of an island longwall panel[J]. International Journal of Coal Geology, 2012(95):20-33.

[208] Adhikary D,Guo H. Modelling of longwall mining-induced strata permeability change[J]. Rock Mechanics and Rock Engineering,2014,48(1):345-359.

[209] Huang Y L,Zhang J X,Zhang Q,et al. Backfilling technology of substituting waste and fly ash for coal underground in China coal mining area[J]. Environmental Engi- neering and Management Journal,2011,10(6):769-775.

[210] Wiessner A,Muller J,Kuschk P. Environmental pollution by wastewater from brown coal processing—a remediation case study in Germany[J]. Journal of Envi- ronmental Engineering and Landscape Management,2014:22(1):71-83.

[211] Xie Q,Zhou Z. Impact of urbanization on urban heat island effect based on tm image- ry in Wuhan,China[J]. Environmental Engineering and Management Journal,2015, 14(3):647-655.

[212] Karfakis M G,Bowman C H,Topuz E. Characterization of coal-mine refuse as back- filling material[J]. Geotechnical & Geological Engineering,1996,14(2):129-150.

[213] 2015 年中国粉煤灰和煤矸石产量有望达 13 亿吨. [EB/OL]. http://www. askci. com/news/201208/29/11910_93. shtml.

[214] Hu D,Jiang J. A study of smog issues and PM2. 5 pollutant control strategies in China[J]. Journal of Environmental Protection,2013,4(7),746-752.

[215] Wright I,Mccarthy B,Belmer N. Subsidence from an underground coal mine and mine wastewater discharge causing water pollution and degradation of aquatic eco- systems[J]. Water Air and Soil Pollution,2015,226(10):1-14.

[216] 钱鸣高,缪协兴,许家林. 资源与环境协调(绿色)开采[J]. 煤炭学报,2007,32(1): 1-7.

[217] 李佳霖. 用环保新技术破解"垃圾围城"[N]. 经济日报,2014-12-16:11.

[218] Wang H,Nie Y. Municipal solid waste characteristics and management in China[J]. Journal of the Air & Waste Management Association,2011,51(2):250-263.

[219] Rovira J,Mari M,Schuhmacher M,et al. Environmental pollution and human health risks near a hazardous waste landfill. Temporal Trends[J]. Journal of Risk Analysis and Crisis Response,2012,2(1):13-20.

[220] Jack Chang. Protest over incinerator injures dozens in China[EB/OL]. http://news. yahoo. com/protest-over-incinerator-injures-dozens-china-091717757--finance. html.

[221] Zhang Q,Xiao M,Liu C L,et al. Reservoir-induced hydrological alterations and environmental flow variation in the East River,the Pearl River basin,China[J]. Stochastic Environmental Research and Risk Assessment,2014,28(8):2119-2131.

[222] 颜瑜. 深圳数千市民示威抗议在生活密集区建日烧 5000 吨大型垃圾焚烧场[EB/OL]. http://www. wyzxwk. com/Article/shehui/2015/01/336058. html.

[223] Rich N,Bharti A. Assessment of different types of in-vessel composters and its effect on stabilization of MSW compost[J]. International Research Journal of Engineering and Technology,2015,2(3):37-42.